《采油工安全生产标准化操作丛书》
编 委 会

主　　　任： 吴　奇

副 主 任： 黄　革　　郑新权　　万　军

执 行 副 主 任： 王渝明　　张守良　　郝庆华

　　　　　　　　　王子云　　张　超　　赵捍军

委员： 姜宝山　王　林　于胜泓　章卫兵　董洪亮

　　　　王松波　吴景刚　全海涛　李亚鹏　范　猛

　　　　王玉琢　杨　东　吴成龙　张万福　杨海波

　　　　周　燕　侯继波　柴方源　祝汉强　肖长军

　　　　赵　伟　卢盛红　朱继红　宋伟光　尹前进

　　　　王海波　袁　月　王鹏飞　张　利　邓　钢

　　　　吴文君　高　媛

《计量间标准化操作1 油井磁翻板液位计量油操作》编委会

主　编：吴　奇

副主编：生凤英　王冬艳　贾贺童

委　员：谭洪彬　白丽君　曹　哲

　　　　姚宏艳　吴文君　郑海峰

　　　　程　亮　吴　笛　由东浩

　　　　付希庆　王大一　刘　昱

　　　　张　衡　罗　琦　周恒仓

开发单位

中国石油天然气股份有限公司勘探与生产分公司

大庆油田有限责任公司人事部(党委组织部)

大庆油田有限责任公司开发部

大庆油田有限责任公司质量安全环保部

大庆油田有限责任公司第二采油厂

大庆油田有限责任公司第四采油厂

大庆油田有限责任公司第六采油厂

大庆油田有限责任公司文化集团

大庆油田有限责任公司人才开发院

大庆油田有限责任公司大庆医学高等专科学校

合作单位

长庆油田分公司

辽河油田分公司

新疆油田分公司

大港油田分公司

华北油田分公司

石油工业出版社

FOREWORD 序

"求木之长者，必固其根本；欲流之远者，必浚其泉源。"2017年，党中央、国务院印发了《新时期产业工人队伍建设改革方案》，明确指出，产业工人是工人阶级中发挥支撑作用的主体力量，是创造社会财富的中坚力量，是创新驱动发展的骨干力量，是实施制造强国战略的有生力量。同时提出，要造就一支有理想守信念、懂技术会创新、敢担当讲奉献的宏大的产业工人队伍。这充分体现了党和国家对产业工人队伍建设的关心支持。

中国石油牢固树立以人为本、质量至上、安全第一、环保优先的理念，坚持施行标准化操作作为保证安全生产、深化精细管理、实现

企业内涵发展的重要支撑。中国石油将提升员工技能水平作为抓好产业工人队伍建设的主攻方向,把标准化操作固化成基层单位和干部职工尤其是新员工的行为准则和工作标准,牢固树立"上标准岗、干标准活"的工作意识和理念,形成人人讲安全、人人会安全、人人都安全的良好局面。

守正笃实,久久为功。提升员工技能操作水平是一项长期而艰巨的任务,完善标准是基础,加强领导是保障,优化执行是根本。这需要大家积极推广标准化操作工作,不断加强和改进操作流程与标准,不断规范与完善标准化操作,引导广大员工全面提升对标准化操作的认知度,全面提升标准化操作执行力,规范本质化安全行为,推进各项工作上水平。

中国石油人事部和中国石油勘探与生产分公司共同组织编写的《采油工安全生产标准化

操作丛书》及配套的视频课件,包含中国石油各油气田单位通用性的140个基本操作,具有开发标准高、内容全面、注重安全风险、应用范围广、培训效果突出等方面优点。相对应的视频课件利用三维动画技术,通过分解、剖切等方式展示常规不可见的设备内部结构,让员工学习起来更加直观,是一套"看得懂、学得会、易掌握"的实用教材,真正做到了将"技术有形化",填补了中国石油安全生产操作培训课件方面的空白,为进一步提升操作员工整体素质提供有力支撑。

目前,跨国公司员工培训已经进入了"互联网+培训"的员工混合式培训阶段,以多终端应用设备为载体,展现多种资源,结合线下培训和社区化学习模式,以网络化应用进行培训评估,实现可规划路径的人才发展优化培训。这套丛书从生产实际出发,以满足需求为导向,

以促进员工养成标准化操作习惯为目标，实践性和针对性都很强。同时，大批专家的参与写作使教材的权威性有了保证。丛书配套的视频课件可以满足石油员工远程移动学习，也可以满足员工单机高清自学和集中学习。这样就形成了三位一体的员工培训模式，逐步迈入员工混合式培训阶段。希望这套丛书的出版发行，能为促进中国石油员工培训工作的深入开展，为促进员工操作技能水平的不断提升，为推动油气主业高质量发展，为实现中国石油建成世界一流综合性国际能源公司作出积极贡献。

中国石油天然气集团有限公司
总经理助理、人事部总经理

PREFACE 前言

采油工是油田企业主体关键工种之一,在中国石油操作类员工中占比较大,采油工技能水平的高低,对油田的安全平稳生产起到至关重要的作用。为进一步提高采油工的基本素质和业务技能水平,中国石油人事部和中国石油勘探与生产分公司于2016年联合启动了采油工安全生产标准化操作视频培训课件开发项目,成立了课件编委会,委托大庆油田公司负责课件具体编制工作,并确定长庆、辽河、新疆、大港、华北5家油田公司和石油工业出版社,共同配合大庆油田做好视频培训课件编制工作。

课件开发过程中,大庆油田高度重视,按照"实际、实用、实效"的原则,专门成立了

课件开发工作领导组,组织公司人事部、开发部、安全环保部、第二采油厂、第四采油厂等9个部门和二级单位共同参与,共计抽调了100余名专家参与项目的研发设计。勘探与生产分公司加强过程监督和质量把控,针对开发方案、课件脚本、制作标准、课件样片等内容,按照不同工作节点先后组织三次大的集中审核会议,邀请中国石油各油田行业专家建言献策,为提高课件的通用性和实用性奠定坚实基础。大庆油田按照总体工作要求,历时两年,完成了视频培训课件的编制任务,并同步完成《采油工安全生产标准化操作丛书》的编写工作。本套丛书紧贴油田生产实际,以采油工岗位职责为依据,包含《安全防护用具使用》《工具、用具、量具使用》《采油工艺简介》《抽油机井标准化操作》《电动潜油泵井标准化操作》《电动螺杆泵井标准化操作》《注水井标准化操作》

《计量间标准化操作》《抽油机井生产故障分析与处理》《电动潜油泵井生产故障分析与处理》《电动螺杆泵井生产故障分析与处理》《注水井生产故障分析与处理》《计量间生产故障分析与处理》《现场应急救护》,共14种140个分册。本套丛书具有突出的实用性和规范性特点,可广泛用于新员工岗前培训、日常岗位练兵、鉴定考前培训、师徒帮带、技能竞赛等学习培训活动。

希望本套丛书能够为各石油企业提供借鉴,为今后采油工岗位培训的扎实有效开展提供有力保障。由于各油田在采油工艺、设备等方面存在差异性,书中难免有不足之处,敬请读者批评指正。

编者
2018 年 8 月

C_{ONTENTS} 目录

项目说明 1

参考标准 2

操作流程 3

所需工用具 10

操作步骤 17

安全风险提示 58

试题 62

试题参考答案 65

项目说明

油井量油是掌握油井产液量变化规律、检验生产管理措施、分析动态变化的重要手段。磁翻板液位计量油是根据连通器平衡的原理,当分离器内液面上升,液位计内液位也相应上升,液位上升时翻板由白色转变为红色,翻板颜色交界处为容器内液位的实际高度,根据液位上升所用时间,采用定容积的计算方法,计算出产液量。

参考标准

Q/SY DQ 0800—2002《油井玻璃管量油规范》

Q/SY DQ 0916—2010《水驱油水井资料录取管理规定》

Q/SY DQ 0806—2002《油水井资料录取规范》

操作流程

1. 准备工作

油井磁翻板液位计量油操作

2. 倒计量流程

操作流程

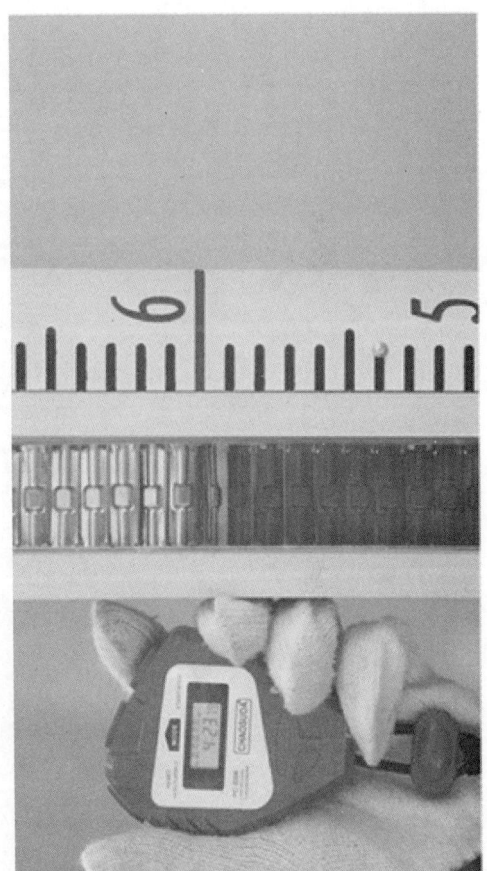

3. 记录量油时间

4. 恢复生产流程

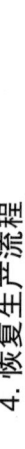

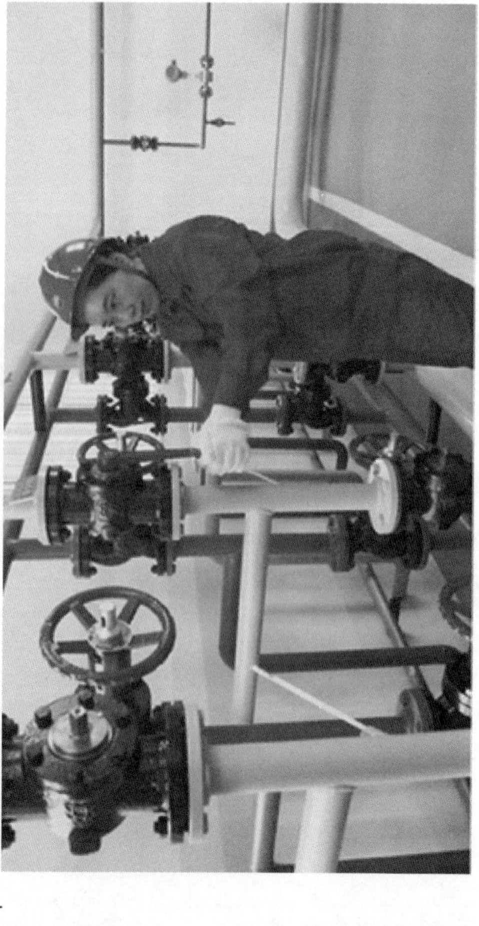

5. 整理数据

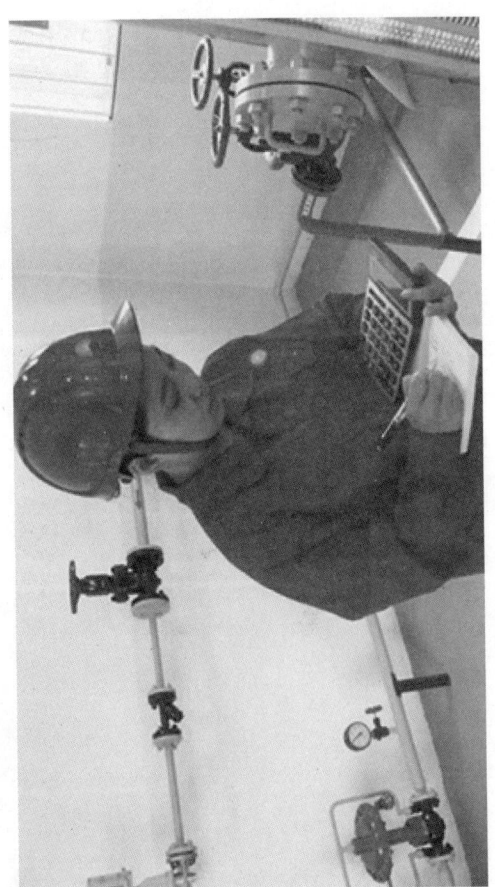

油井磁翻板液位计量油操作

6. 清理现场

操作流程

本次操作是以分离器直径 φ800mm,量油高度 50cm 为例。操作由 1 人完成,操作前正确穿戴好劳动保护用品。

准备工作
操作前正确穿戴好劳动保护用品

所需工用具

(1) 阀门专用扳手 1 把。

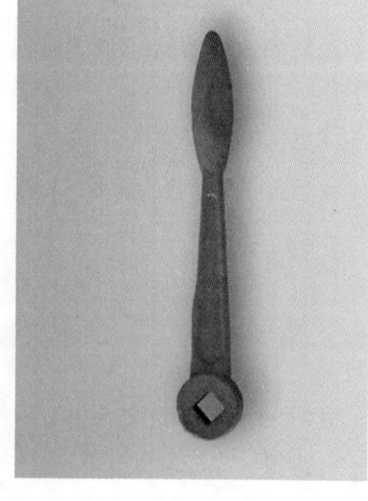

所需工用具

(2) 磁铁 1 块。

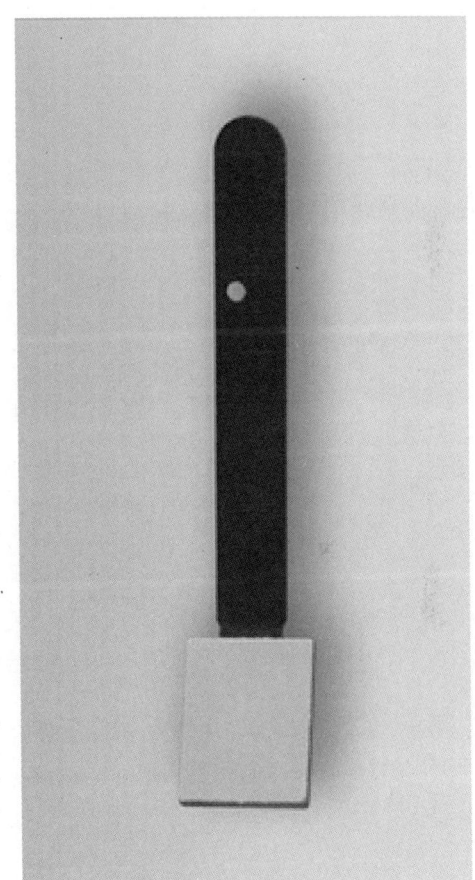

(3) 2m 钢卷尺 1 把。

所需工用具

(4) 计算器 1 个。

油井磁翻板液位计量油操作

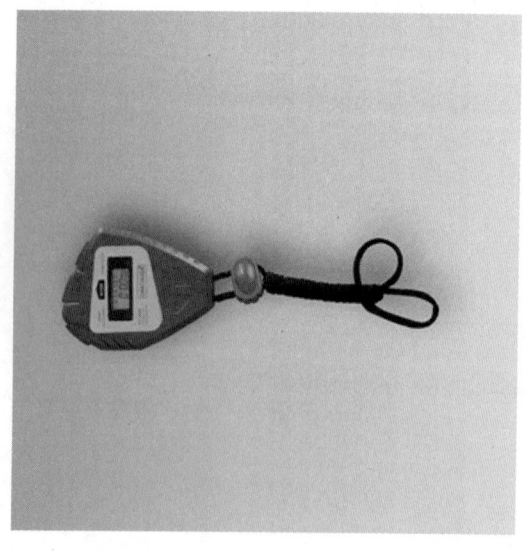

(5) 秒表 1 块。

所需工用具

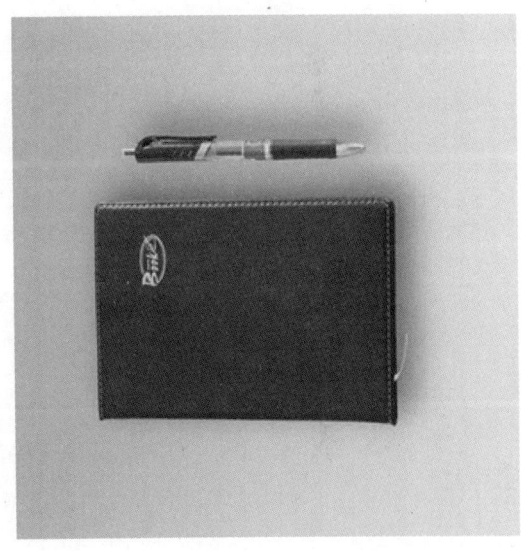

(6) 记录本、记录笔。

(7) 擦布若干。

操作步骤

（1）检查安全阀完好在有效期内，安全阀门应全部打开。检查气平衡阀门处于关闭状态，检查各单井计量阀门应处于关闭状态，检查分离器进口阀门、出口阀门均处于关闭状态。检查流程中油气管线和各阀门及连接处应无渗漏现象，防止操作时发生泄漏事故。

油井磁翻板液位计量油操作

倒计量流程
安全阀进口阀门应全部打开

操作步骤

⑩ 倒计量流程

按次序依次打开1号倒2号罐进出口阀门

油井磁翻板液位计量油操作

操作步骤

倒计量流程
检查流程中油气管线和各阀门及连接处应无渗漏现象

（2）检查液位计外部完好无破损，用磁铁检查磁翻板液位计翻动灵活，磁翻板指示器内有液位部分为红色，无液位部分为白色，保证量油时观察液位清晰。

倒计量液流程
检查液位计外部完好无破损

操作步骤

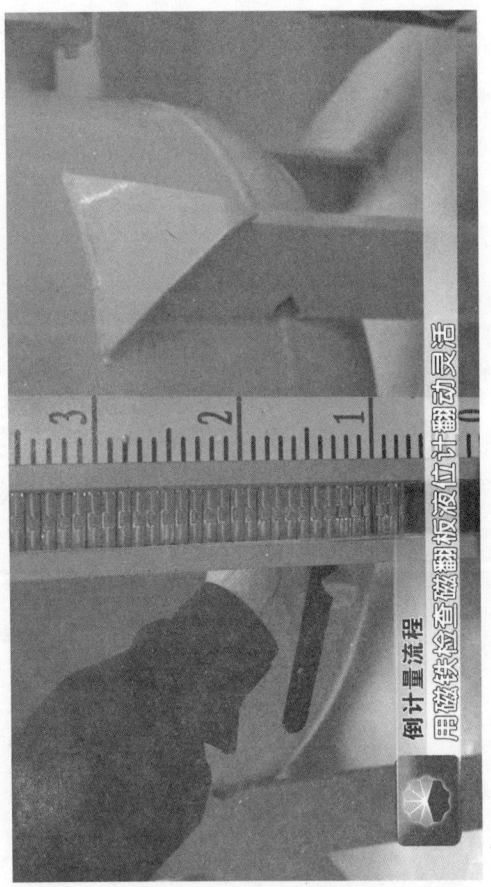

倒计量流程

用磁铁接检至至磁翻板翻液位计翻动灵活

(3)确定液位计计量油计时的起始、终止标线位置,液位计标线清晰、完整。检查量油高度为 50cm,误差不超过 ±1mm。

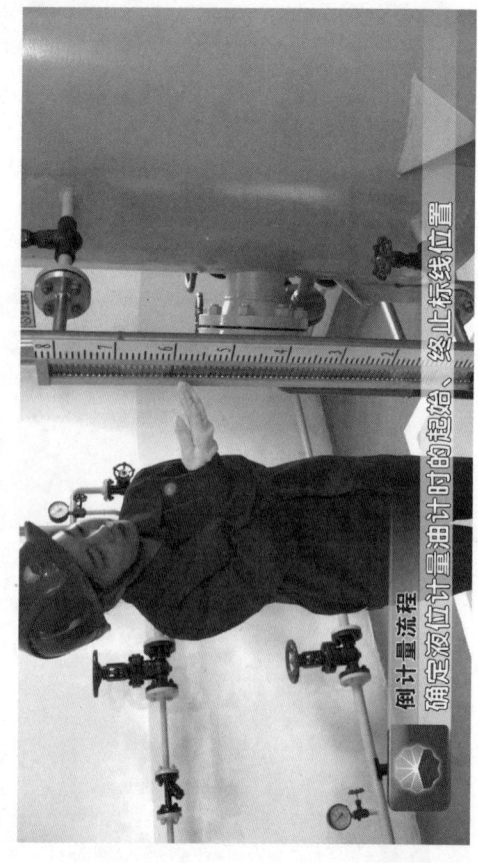

倒计量流程
确定液位计计量油计时的起始、终止标线位置

操作步骤

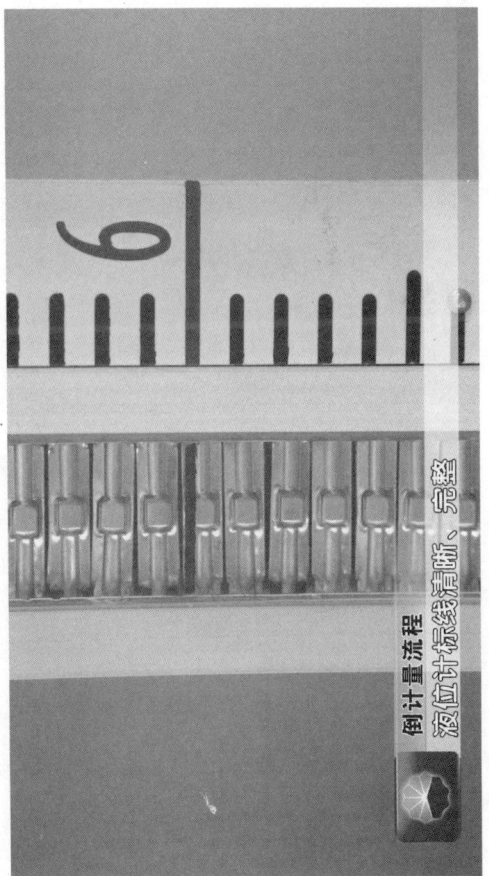

倒计量流程
液位计标线清晰、完整

油井磁翻板液位计量油操作

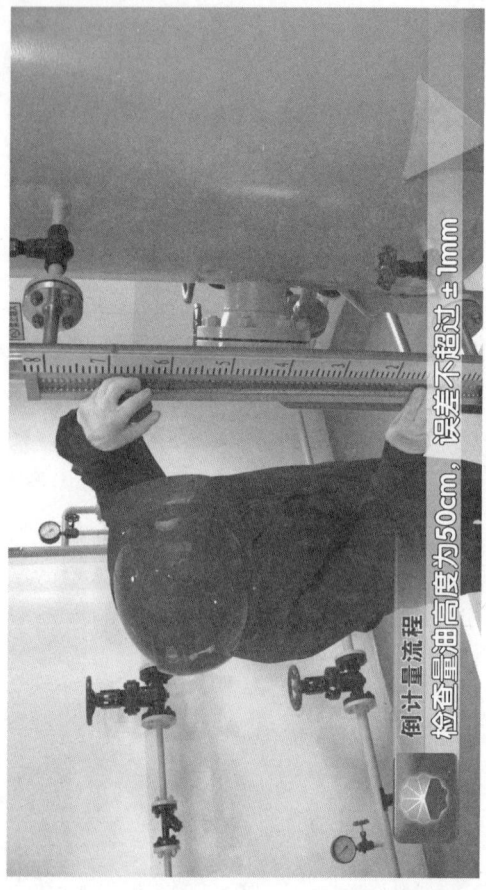

倒计量流程
检查量油高度为50cm，误差不超过±1mm

（4）对于掺热水伴热集油流程的井，量油前需将掺水阀门关闭，冬季停止掺水15min，其他季节停止掺水30min后方可计量。

(5)倒通分离器。打开分离器出口阀门,再打开分离器进口阀门。开阀门时要侧离阀杆旋出方向,平稳操作,防止阀杆弹出伤人。

倒计量流程
打开分离器出口阀门

操作步骤

倒计量流程
再打开分离器进口阀门,开阀门时要则离开阀杆旋转出方向

油井磁翻板液位计量油操作

(6) 先打开液位计上部控制阀门,再缓慢打开液位计下部控制阀门,观察分离器内液面位置。

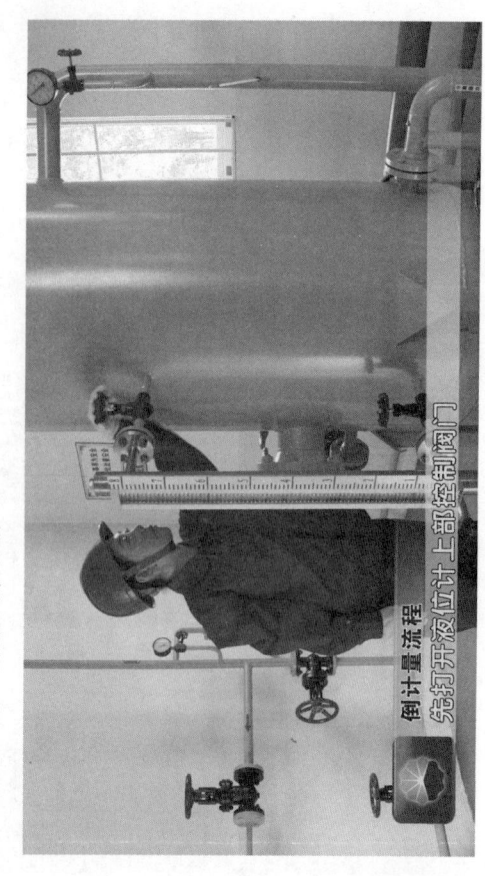

操作步骤

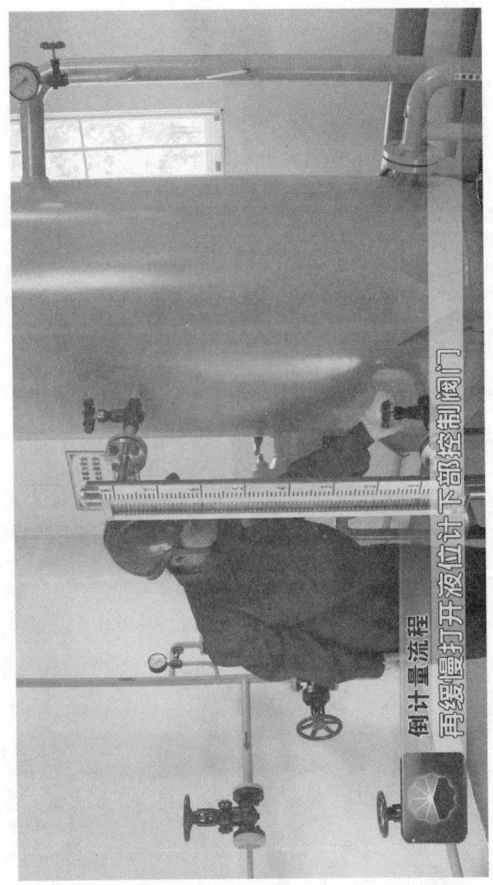

倒计量流程
再缓慢打开液位计下部控制阀门

(7) 缓慢打开气平衡阀门，开 3~5 圈，使分离器压力与干线回压平衡。

操作步骤

倒计量流程
使分离器压力与干线回压平衡

（8）倒单井流程。应核实井号防止倒错，先打开计量阀门，再关闭回油阀门，把井液倒进分离器内，倒流程时要先开后关防止憋压。

操作步骤

倒计量流程
先打开计量阀门

（9）触摸分离器进、出口管线，保证分离器流程畅通，确定分离器进液稳定，液位在下标线以下时，关闭分离器出口阀门，开始量油，观察液位上升情况。

倒计量流程
触摸分离器进、出口管线，保证分离器流程畅通，进液稳定

油井磁翻板液位计量油操作

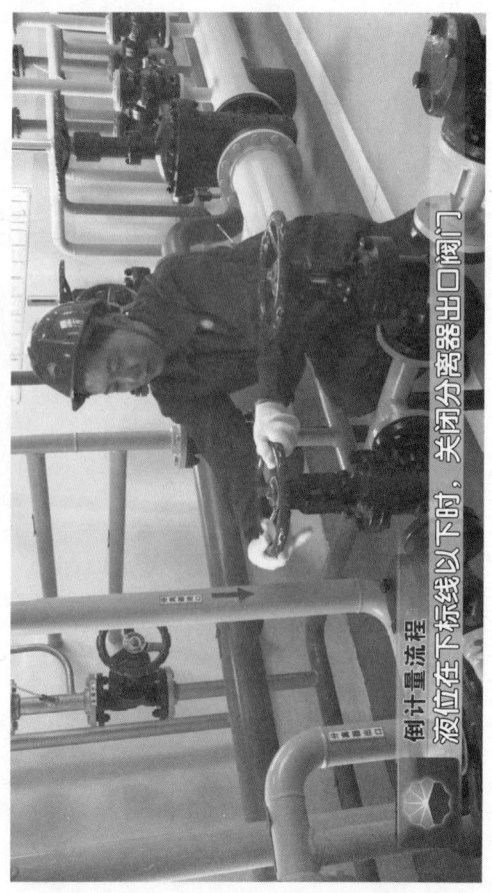

倒计量流程
液位在下标线以下时，关闭分离器出口阀门

(10) 当液位计颜色分界线与下标线的上边线对齐时,开始计时。观察液位时视线与液位计标线平齐。

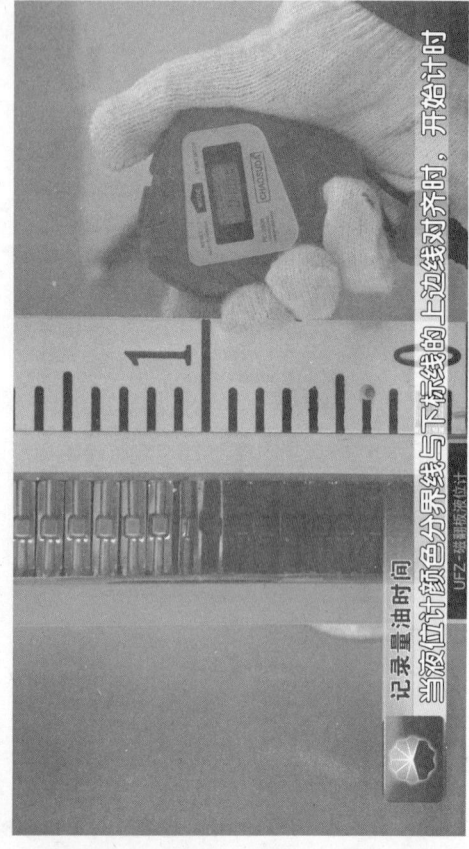

操作步骤

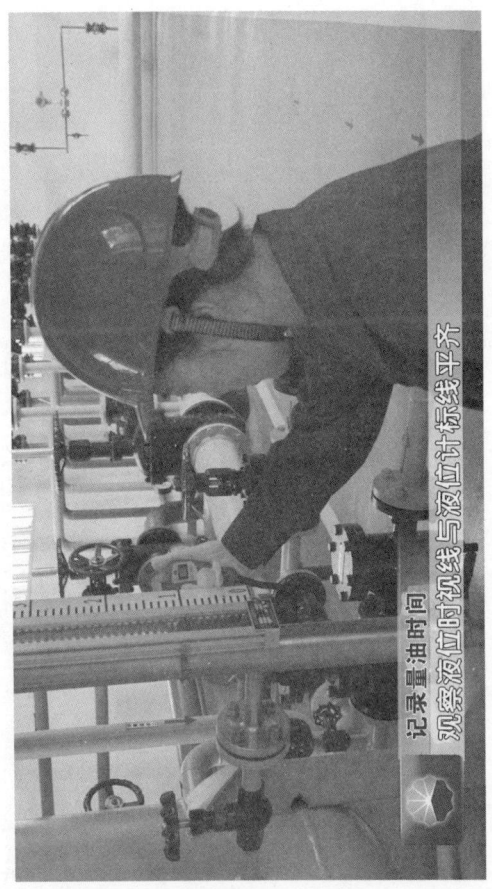

记录量油时间
观察液位时视线与液位计标线平齐

(11) 当液位计颜色分界线与上标线的下边线对齐时,结束计时。

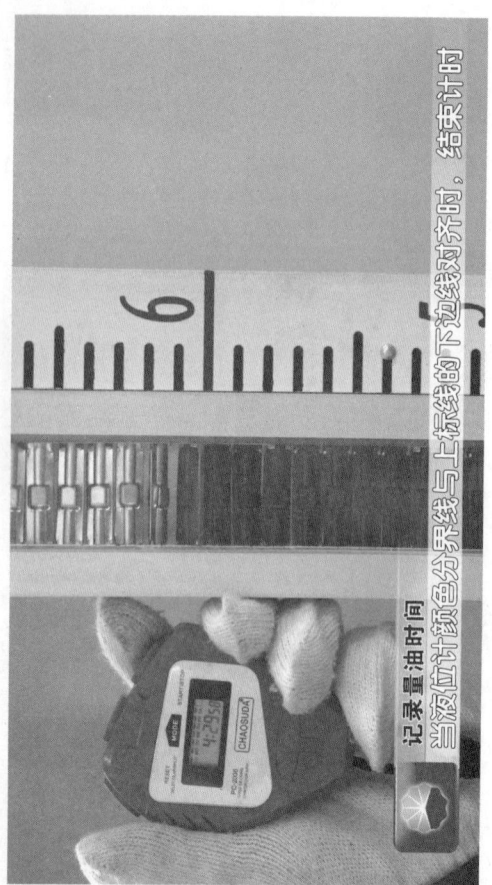

(12) 记录本次量油时间。

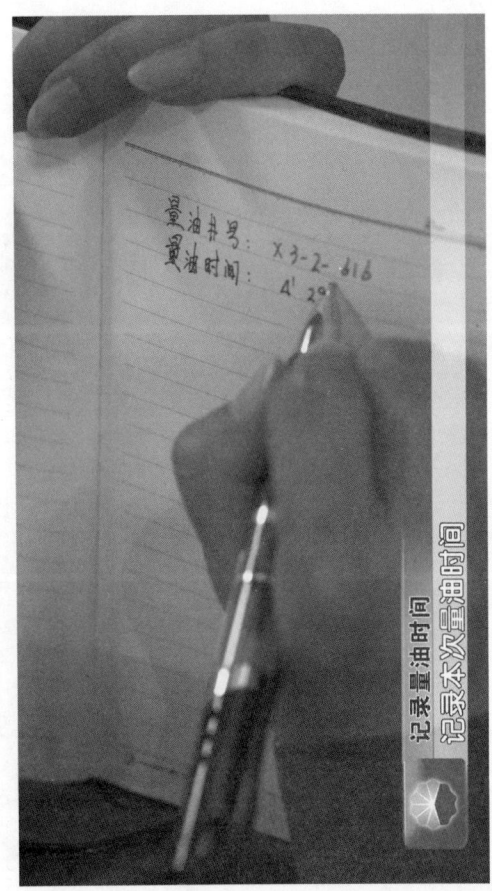

记录本次量油时间

油井磁翻板液位计量油操作

(13)开大分离器出口阀门,关闭气平衡阀门,压液面将分离器内井液排出,完成一次量油操作。

操作步骤

油井磁翻板液位计量油操作

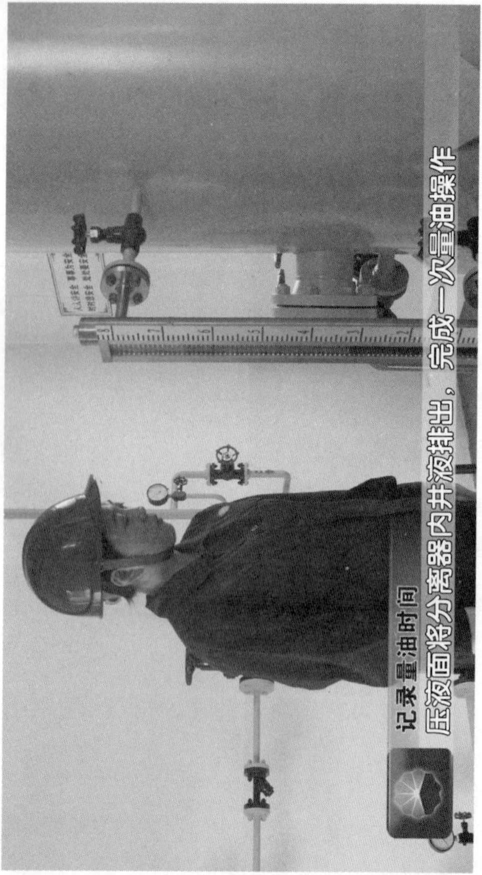

记录量油时间
压液面将分离器内井液排出，完成一次量油操作

(14) 分离器内液位下降至液位计下标线以下,倒回生产流程。

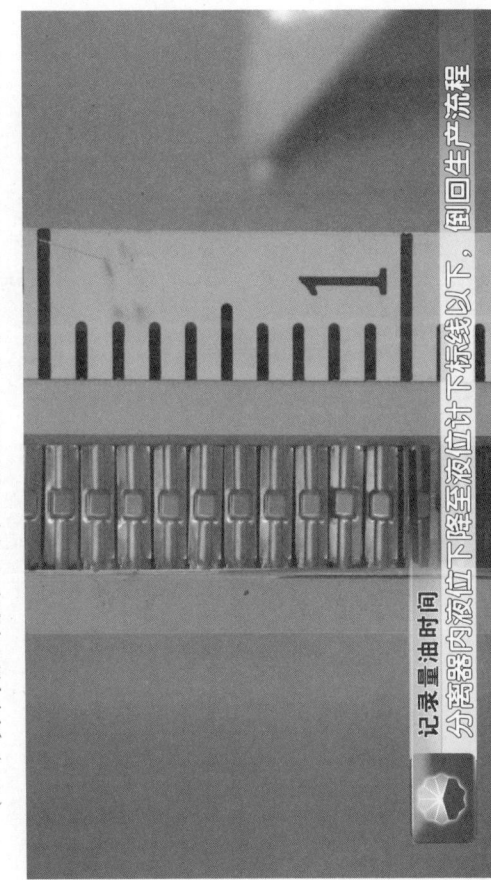

记录量油时间
分离器内液位下降至液位计下标线以下,倒回生产流程

油井磁翻板液位计量油操作

(15) 先打开单井回油阀门,使井液进入回油汇管;再关闭单井计量阀门。

恢复生产流程
先打开单井回油阀门,使井液进入回油汇管

- 48 -

操作步骤

恢复生产流程
再关闭单井计量阀门

油井磁翻板液位计量油操作

（16）关闭分离器进口阀门，关闭分离器出口阀门。

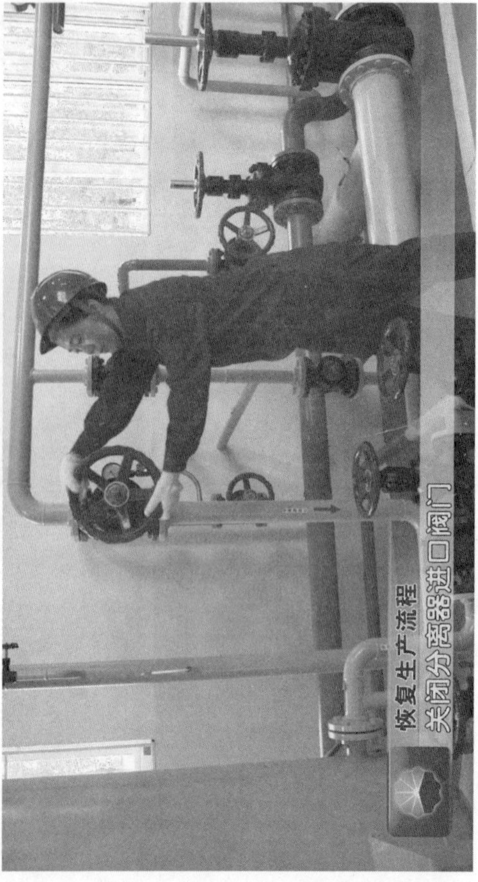

操作步骤

恢复生产流程
关闭分离器出口阀门

(17) 关闭液位计下部控制阀门,关闭液位计上部控制阀门。

操作步骤

恢复生产流程
关闭液位计上部控制阀门

(18)对于掺水伴热集油流程的井,打开掺水阀门,恢复量油井的正常生产流程。

相关知识

① 如本次量油与上次量油波动较大时,应重新量油核对;

② 重点井、措施井开井后加密量油;

③ 按照地质录取资料要求,确定量油周期,量油次数。

(19) 整理数据,计算该井产液量,记录相关数据。

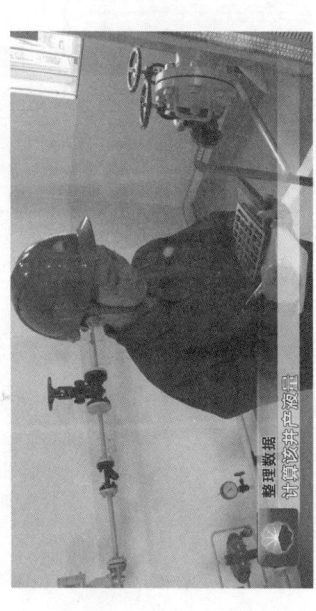

整理数据
计算该井产液量

相关知识

① 根据图表确定量油常数

分离器直径与量油常数对照表

分离器直径(mm)	量油高度		量油常数	
	有人孔	无人孔	有人孔	无人孔
φ600	40cm（人孔中心线以上10cm，中心线以下30cm）	30cm	9780	7329
φ800	50cm（人孔中心线以上15cm，中心线以下35cm）	50cm	22291.2	21714.9
φ1000		30cm		20347.2
φ1200	30cm（人孔中心线为上界，中心线以下30cm）		29289.6	

② 量油计算公式：

$Q_{液}$ = 量油常数 $/t$

$$t=(t_1+t_2+t_3)/3$$

式中 $Q_{液}$——日产液量，t；

　　　t——平均量油时间，s。

依据单井产液量确定量油次数。

本次量油结果：

$$t=4min29s=269s$$

$Q_{液}$ = 量油常数 $/t$

　　 =21714.9/269=80.7（t/d）

(20) 收拾工具、清理现场。

安全风险提示

(1) 量油操作时,计量间要保证安全通道畅通,通风良好。

(2) 量油前应检查分离器、管线、阀门无渗漏,防止发生油气泄漏。

安全风险提示
(2) 量油前应检查分离器、管线、阀门无渗漏

(3) 开关阀门时要侧离阀杆旋出方向,平稳操作,防止阀杆弹出。

安全风险提示
(3) 开关阀门时要侧离阀杆旋出方向,平稳操作

(4) 倒流程时要注意应先开后关,防止造成憋压跑油。

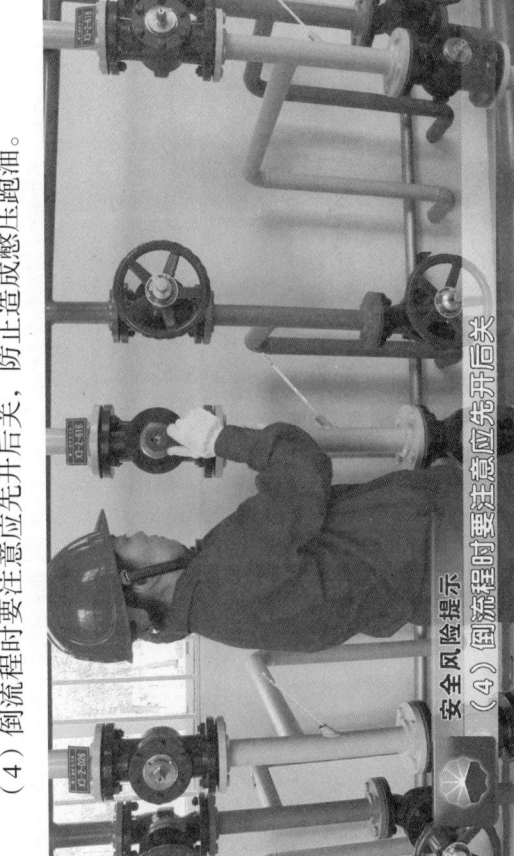

安全风险提示
(4) 倒流程时要注意应先开后关

试 题

一、选择题（不限单选）

1.磁翻板液位计量油是根据（　　）的原理，采用定容积的计算方法进行计算的。

　　A.磁定位　　　　　　B.连通器平衡
　　C.玻璃管连通　　　　D.差压

2.油井磁翻板液位计量油操作是计量油井（　　）的操作。

　　A.数量　　　　　　　B.重量
　　C.产量　　　　　　　D.体积

3.量油结束后，打开分离器出口阀门，关闭（　　）阀门，进行压液位，将分离器井液排出，进行第二次计量。

　　A.分离器进口阀门　　B.气平衡阀门
　　C.单井计量阀门　　　D.单井回油阀门

4.量油操作时首先确定液位计量油计时的起始、终止标线位置,检查量油高度,误差不超过(   )。

A. ±1mm B. ±2mm

C. ±3mm D. ±4mm

5.玻璃管量油计算公式是(   )

A.日产液量 = 量油常数 × 累计量油时间

B.日产液量 = 量油常数 / 平均量油时间

C.日产液量 = 量油常数 × 平均量油时间

D.日产液量 = 量油常数 / 累计量油时间

6.直径 ϕ800mm 的分离器量油高度是(   )。

A. 30cm B. 40cm

C. 50cm D. 60cm

二、判断题

1.磁翻板液位计量油操作前应先检查安全阀的进口阀门应关闭,防止量油操作时发生泄漏事故。(   )

2. 对于掺水伴热集油流程的井，量油前需将掺水阀门关闭，冬季停止掺水 15min，其他季节停止掺水 30min 后方可计量。以保证量油的准确性。（　　）

3. 量油操作计时时，应使液位计颜色分界线与标线的边线对齐时方可计时，减少量油误差。（　　）

4. 磁翻板液位计量油操作时先打开液位计下部控制阀门，再缓慢打开液位计上部控制阀门，观察分离器内液面位置。（　　）

5. 磁翻板液位计主要利用的是磁性的耦合作用和浮力的原理来完成对液体位置的检测。（　　）

6. 量油操作时，计量间要保证安全通道畅通，通风良好。防止发生火灾爆炸及油气中毒事故。（　　）

试题参考答案

一、选择题

题号	1	2	3	4	5	6
答案	B	C	B	A	B	C

二、判断题

题号	1	2	3	4	5	6
答案	×	√	√	×	√	√

《计量间标准化操作》

分册序号	分册书名
1	油井磁翻板液位计量油操作
2	计量间更换分离器玻璃管操作
3	制作更换法兰垫片操作
4	更换阀门密封填料操作
5	更换法兰阀门操作

采油工安全生产标准化操作丛书

中国石油人事部
中国石油勘探与生产分公司 编

计量间标准化操作

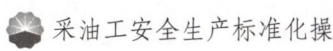

石油工业出版社

图书在版编目(CIP)数据

计量间标准化操作 / 中国石油人事部,中国石油勘探与生产分公司编. — 北京:石油工业出版社,2018.11

(采油工安全生产标准化操作丛书)
ISBN 978-7-5183-3022-5

Ⅰ.①计… Ⅱ.①中… ②中… Ⅲ.①石油开采-采油方法-技术操作规程 Ⅳ.①TE35-65

中国版本图书馆 CIP 数据核字(2018)第 257087 号

出版发行:石油工业出版社
　　　　　(北京安定门外安华里 2 区 1 号楼 100011)
　　网　址:www.petropub.com
　　编辑部:(010)64523710
　　图书营销中心:(010)64523633
经　销:全国新华书店
印　刷:北京中石油彩色印刷有限责任公司

2018 年 11 月第 1 版　2018 年 11 月第 1 次印刷
880×1230 毫米　开本:1/64　印张:6.9375
字数:90 千字

定价:75.00 元(全 5 册)
(如出现印装质量问题,我社图书营销中心负责调换)
版权所有,翻印必究

《采油工安全生产标准化操作丛书》编委会

主　　　　任：吴　奇

副　主　任：黄　革　　郑新权　　万　军

执行副主任：王渝明　　张守良　　郝庆华

　　　　　　王子云　　张　超　　赵捍军

委员：姜宝山　王　林　于胜泓　章卫兵　董洪亮

　　　王松波　吴景刚　全海涛　李亚鹏　范　猛

　　　王玉琢　杨　东　吴成龙　张万福　杨海波

　　　周　燕　侯继波　柴方源　祝汉强　肖长军

　　　赵　伟　卢盛红　朱继红　宋伟光　尹前进

　　　王海波　袁　月　王鹏飞　张　利　邓　钢

　　　吴文君　高　媛

《计量间标准化操作 2
计量间更换分离器玻璃管操作》
编 委 会

主　编：吴　奇

副主编：全海波　吴文君　仝婷婷

委　员：张春超　曹　哲　姚宏艳

　　　　郑海峰　王大一　白丽君

　　　　程　亮　王冬艳　韩旭龙

　　　　付希庆　谭洪彬　胡胜杰

　　　　张云辉　李　静　周恒仓

开发单位

中国石油天然气股份有限公司勘探与生产分公司

大庆油田有限责任公司人事部(党委组织部)

大庆油田有限责任公司开发部

大庆油田有限责任公司质量安全环保部

大庆油田有限责任公司第二采油厂

大庆油田有限责任公司第四采油厂

大庆油田有限责任公司第六采油厂

大庆油田有限责任公司文化集团

大庆油田有限责任公司人才开发院

大庆油田有限责任公司大庆医学高等专科学校

合作单位

长庆油田分公司
辽河油田分公司
新疆油田分公司
大港油田分公司
华北油田分公司
石油工业出版社

Foreword 序

"求木之长者,必固其根本;欲流之远者,必浚其泉源。"2017年,党中央、国务院印发了《新时期产业工人队伍建设改革方案》,明确指出,产业工人是工人阶级中发挥支撑作用的主体力量,是创造社会财富的中坚力量,是创新驱动发展的骨干力量,是实施制造强国战略的有生力量。同时提出,要造就一支有理想守信念、懂技术会创新、敢担当讲奉献的宏大的产业工人队伍。这充分体现了党和国家对产业工人队伍建设的关心支持。

中国石油牢固树立以人为本、质量至上、安全第一、环保优先的理念,坚持施行标准化操作作为保证安全生产、深化精细管理、实现企业内涵发展的重要支撑。中国石油将提升员工技能水平作为抓好产业工人队伍建设的主攻方向,把标准化操作固化成基层单位和干部职工尤其是新员工的行为准则和工作标准,牢固树立"上标准岗、干标准活"的工作意识和理念,形成人人讲安全、人人会安全、人人都安全的良好局面。

守正笃实,久久为功。提升员工技能操作水平是一项长期而艰巨的任务,完善标准是基础,加强领导是保障,优化执行是根本。这需要大家积极推广标准化操作工作,不断加强和改进操作流程与标准,不断规范与完善标准化操作,引导广大员工全面提升对标准化操作的认知度,全面提升标准化操作执行力,规范本质化安全行为,推进各项工作上水平。

中国石油人事部和中国石油勘探与生产分公司共同组织编写的《采油工安全生产标准化

操作丛书》及配套的视频课件,包含中国石油各油气田单位通用性的140个基本操作,具有开发标准高、内容全面、注重安全风险、应用范围广、培训效果突出等方面优点。相对应的视频课件利用三维动画技术,通过分解、剖切等方式展示常规不可见的设备内部结构,让员工学习起来更加直观,是一套"看得懂、学得会、易掌握"的实用教材,真正做到了将"技术有形化",填补了中国石油安全生产操作培训课件方面的空白,为进一步提升操作员工整体素质提供有力支撑。

目前,跨国公司员工培训已经进入了"互联网+培训"的员工混合式培训阶段,以多终端应用设备为载体,展现多种资源,结合线下培训和社区化学习模式,以网络化应用进行培训评估,实现可规划路径的人才发展优化培训。这套丛书从生产实际出发,以满足需求为导向,

以促进员工养成标准化操作习惯为目标，实践性和针对性都很强。同时，大批专家的参与写作使教材的权威性有了保证。丛书配套的视频课件可以满足石油员工远程移动学习，也可以满足员工单机高清自学和集中学习。这样就形成了三位一体的员工培训模式，逐步迈入员工混合式培训阶段。希望这套丛书的出版发行，能为促进中国石油员工培训工作的深入开展，为促进员工操作技能水平的不断提升，为推动油气主业高质量发展，为实现中国石油建成世界一流综合性国际能源公司作出积极贡献。

中国石油天然气集团有限公司
总经理助理、人事部总经理　刘志华

PREFACE 前言

采油工是油田企业主体关键工种之一,在中国石油操作类员工中占比较大,采油工技能水平的高低,对油田的安全平稳生产起到至关重要的作用。为进一步提高采油工的基本素质和业务技能水平,中国石油人事部和中国石油勘探与生产分公司于2016年联合启动了采油工安全生产标准化操作视频培训课件开发项目,成立了课件编委会,委托大庆油田公司负责课件具体编制工作,并确定长庆、辽河、新疆、大港、华北5家油田公司和石油工业出版社,共同配合大庆油田做好视频培训课件编制工作。

课件开发过程中,大庆油田高度重视,按照"实际、实用、实效"的原则,专门成立了

课件开发工作领导组,组织公司人事部、开发部、安全环保部、第二采油厂、第四采油厂等9个部门和二级单位共同参与,共计抽调了100余名专家参与项目的研发设计。勘探与生产分公司加强过程监督和质量把控,针对开发方案、课件脚本、制作标准、课件样片等内容,按照不同工作节点先后组织三次大的集中审核会议,邀请中国石油各油田行业专家建言献策,为提高课件的通用性和实用性奠定坚实基础。大庆油田按照总体工作要求,历时两年,完成了视频培训课件的编制任务,并同步完成《采油工安全生产标准化操作丛书》的编写工作。本套丛书紧贴油田生产实际,以采油工岗位职责为依据,包含《安全防护用具使用》《工具、用具、量具使用》《采油工艺简介》《抽油机井标准化操作》《电动潜油泵井标准化操作》《电动螺杆泵井标准化操作》《注水井标准化操作》

《计量间标准化操作》《抽油机井生产故障分析与处理》《电动潜油泵井生产故障分析与处理》《电动螺杆泵井生产故障分析与处理》《注水井生产故障分析与处理》《计量间生产故障分析与处理》《现场应急救护》,共14种140个分册。本套丛书具有突出的实用性和规范性特点,可广泛用于新员工岗前培训、日常岗位练兵、鉴定考前培训、师徒帮带、技能竞赛等学习培训活动。

希望本套丛书能够为各石油企业提供借鉴,为今后采油工岗位培训的扎实有效开展提供有力保障。由于各油田在采油工艺、设备等方面存在差异性,书中难免有不足之处,敬请读者批评指正。

编者
2018年8月

CONTENTS 目录

项目说明 1

参考标准 2

操作流程 3

所需工用具 10

操作步骤 23

安全风险提示 62

试题 68

试题参考答案 71

项目说明

　　玻璃管是计量间量油操作中显示分离器内液位高度的主要配件。在使用中由于受温度骤变、液体压力、外力撞击、安装不合格等因素的影响,玻璃管易发生破裂,造成油气泄漏事故,影响分离器正常计量,应及时更换分离器玻璃管。

参考标准

Q/SY DQ 0804—2013《采油岗位操作程序及要求》

Q/SY DQ 0800—2002《油井玻璃管量油规范》

操作流程

1. 准备工作

计量间更换分离器玻璃管操作

2. 测量、切割玻璃管

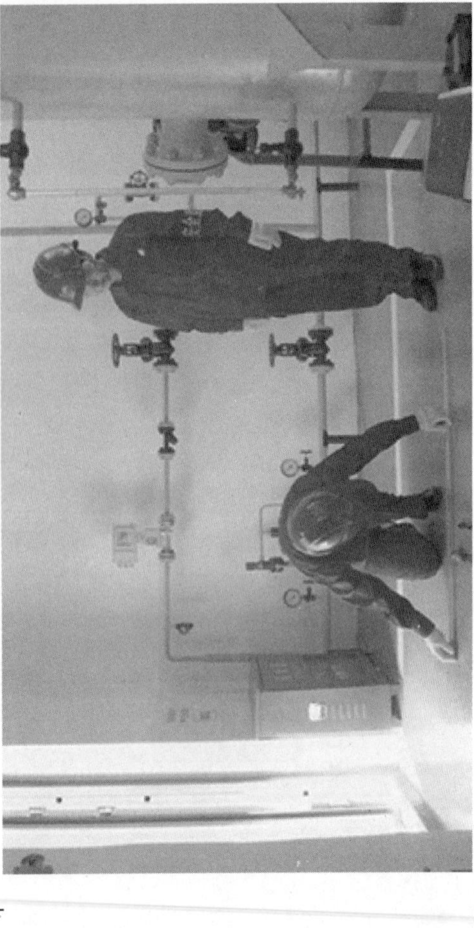

3. 倒流程泄压

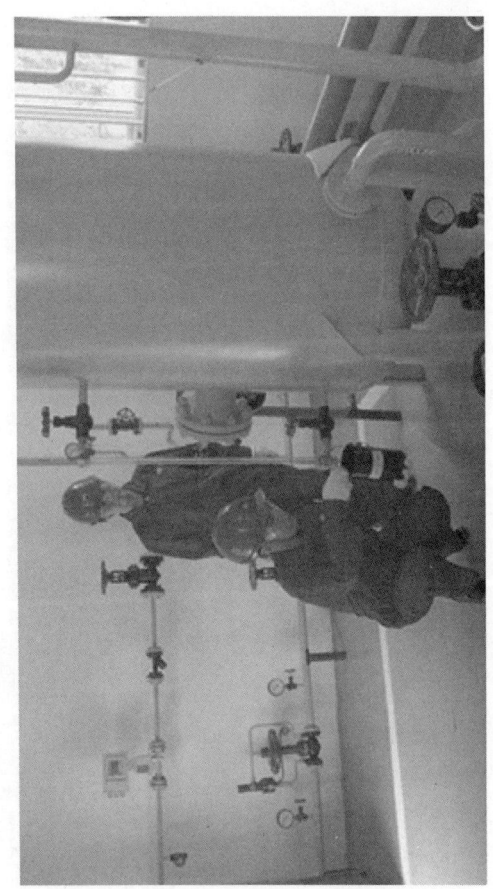

计量间更换分离器玻璃管操作

4. 更换玻璃管

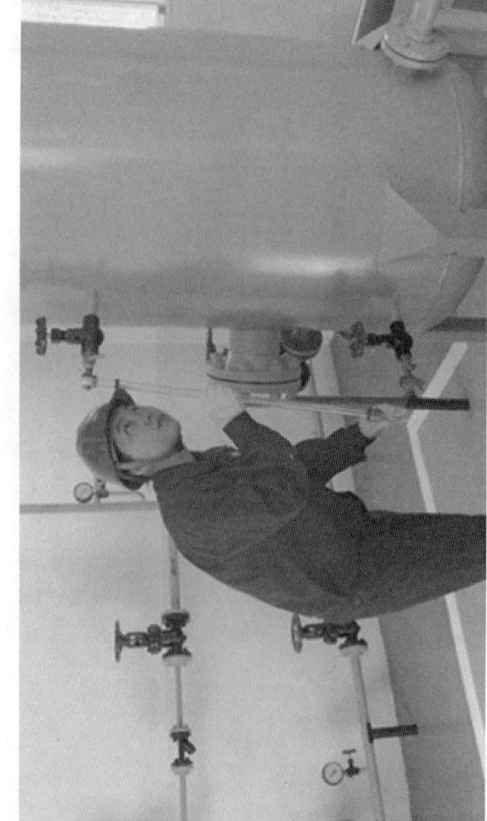

— 6 —

5. 试压恢复流程

计量间更换分离器玻璃管操作

6. 清理现场

操作流程

操作由 2 人完成,其中 1 人负责安全监护。

操作前正确穿戴好劳动保护用品。

所需工用具

(1) 200mm × 24mm 活扳手 1 把。

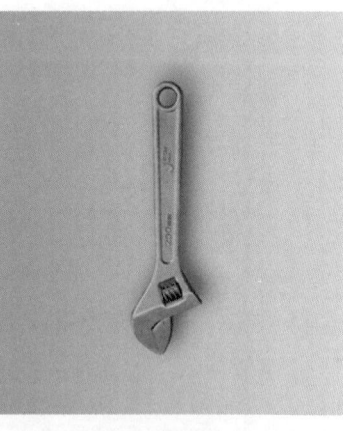

所需工用具

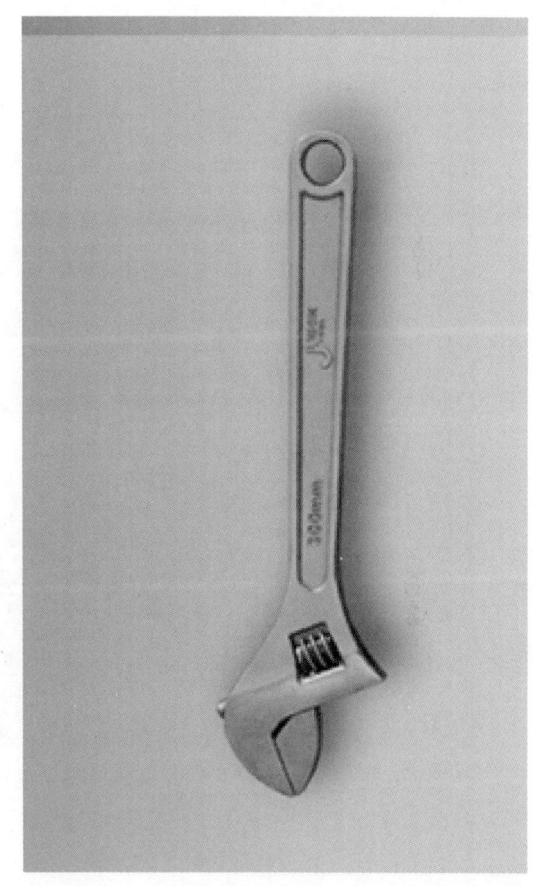

(2) 300mm × 36mm 活扳手 1 把。

-11-

(3) 2m 钢卷尺 1 把。

所需工用具

(4) 200mm 三角锉刀 1 把。

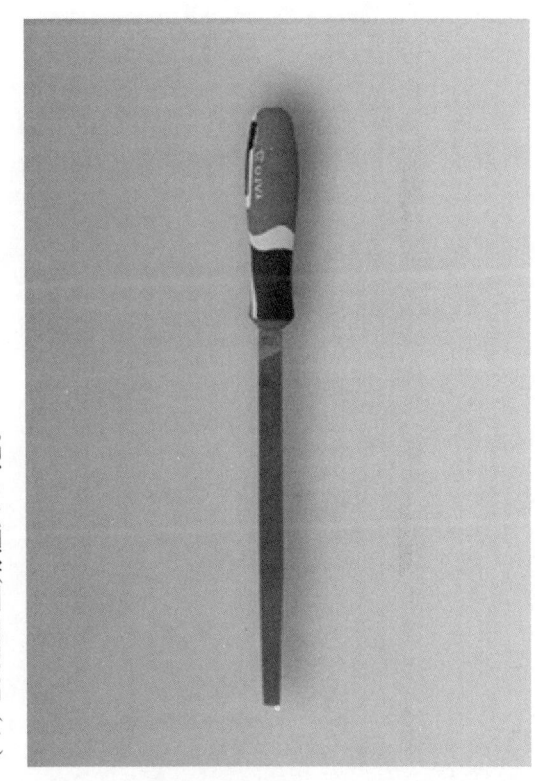

计量间更换分离器玻璃管操作

(5) 玻璃管割刀 1 把。

所需工用具

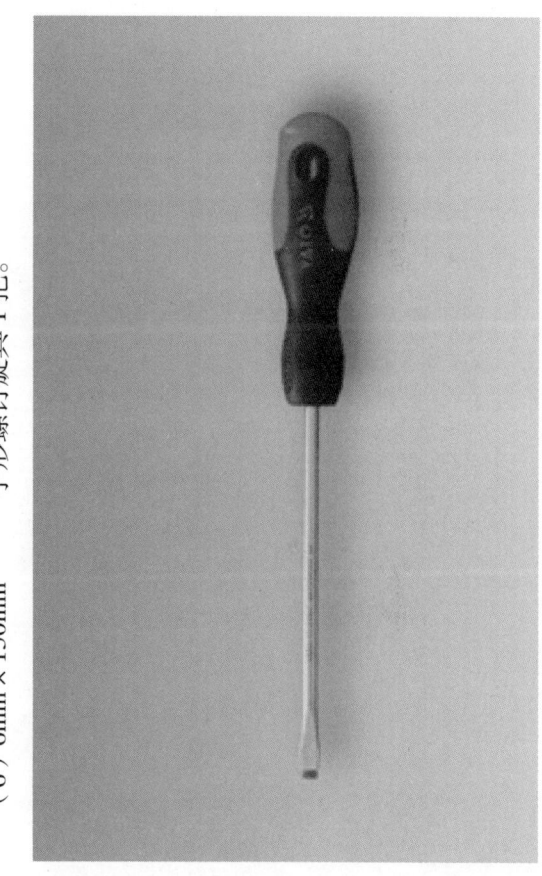

(6) 6mm×150mm "一"字形螺钉旋具1把。

计量间更换分离器玻璃管操作

(7) 护目镜 2 副。

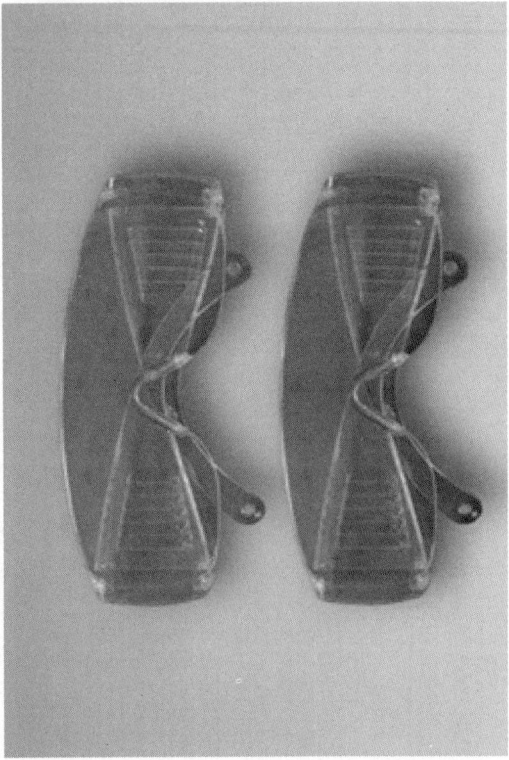

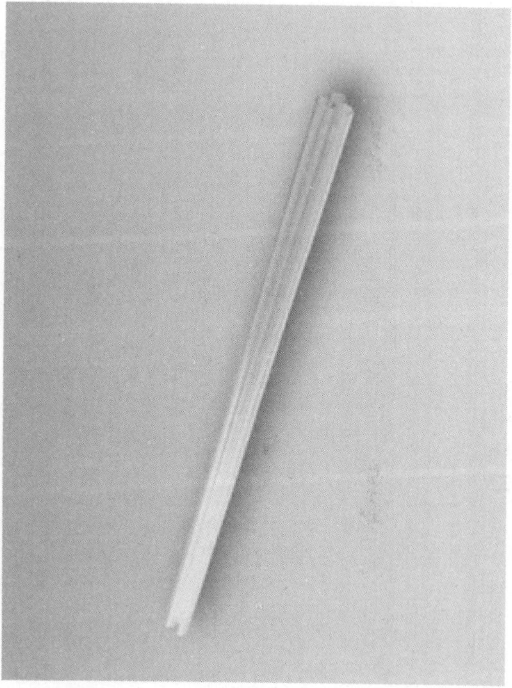

所需工用具

(8) 规格合适的玻璃管若干。

计量间更换分离器玻璃管操作

(9) 放空桶 1 个。

所需工用具

(10) 红色记号纸 1 张。

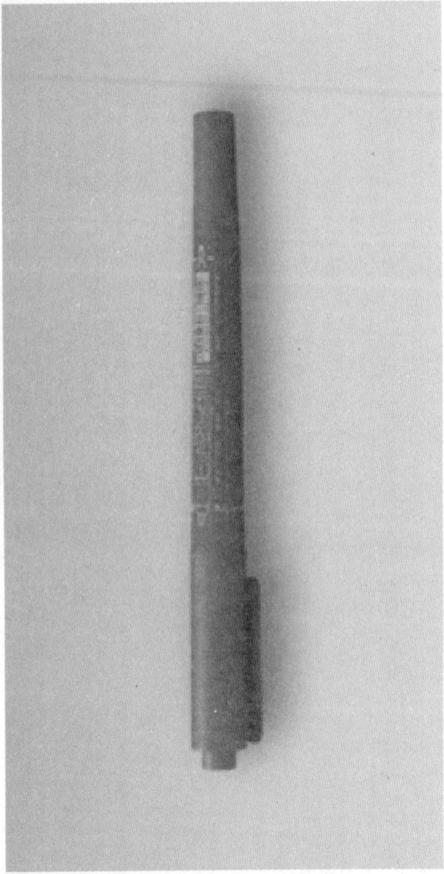

计量间更换分离器玻璃管操作

(11) 记号笔 1 支。

所需工用具

(12) 密封圈若干。

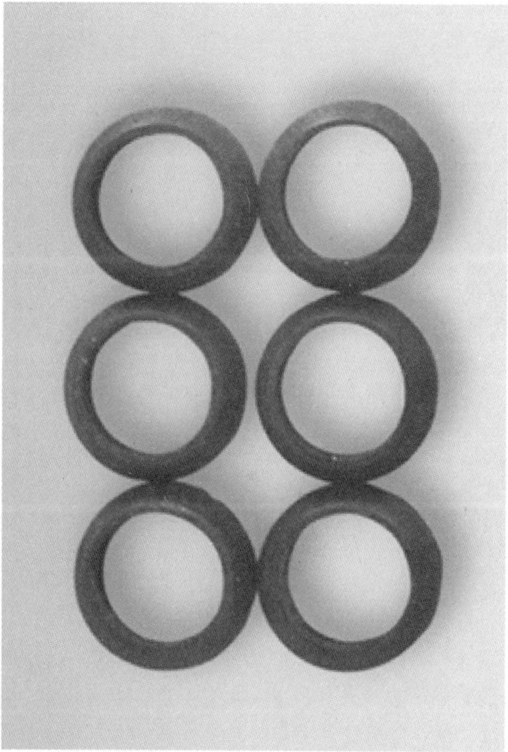

— 21 —

计量间更换分离器玻璃管操作

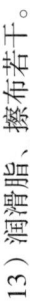

（13）润滑脂、擦布若干。

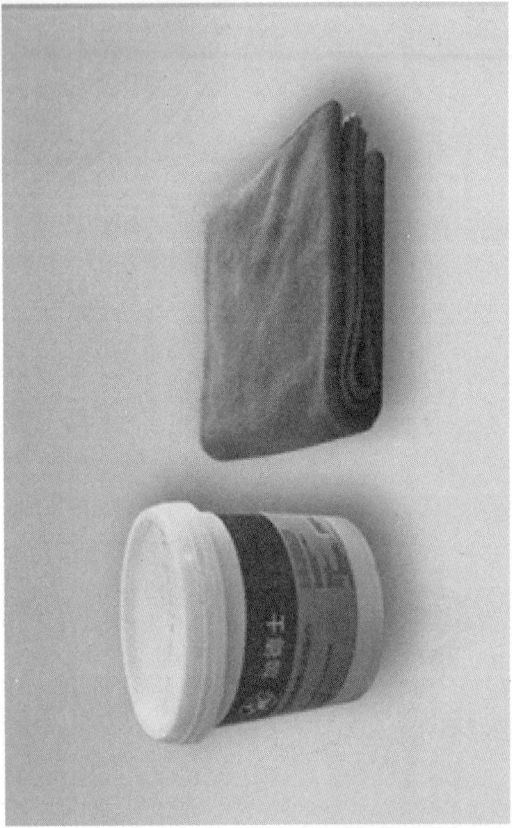

操作步骤

(1) 测量上、下旋塞阀定位螺丝中心位置,确定需要更换玻璃管长度。

计量间更换分离器玻璃管操作

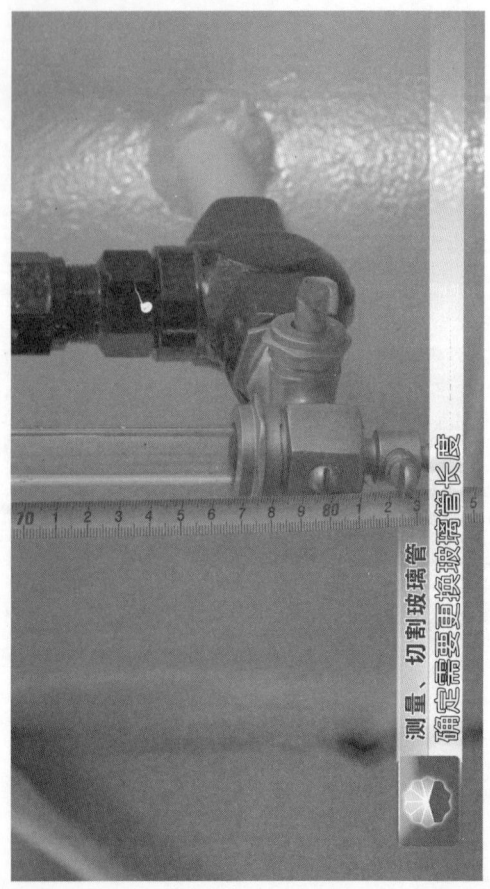

测量、切割玻璃管
确定需要更换玻璃管长度

（2）按照测量长度，在新玻璃管上做好记号。用三角锉刀棱角快速锉玻璃管记号位置，或用玻璃管割刀在记号位置切割玻璃管，然后双手迅速用力拉折，截断玻璃管。截断时用力平稳，防止玻璃管破裂伤手。

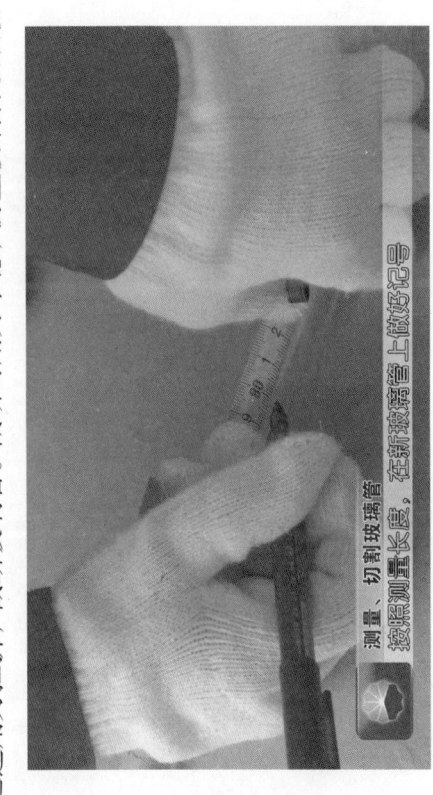

测量、切割玻璃管
按照测量长度，在新玻璃管上做好记号

计量间更换分离器玻璃管操作

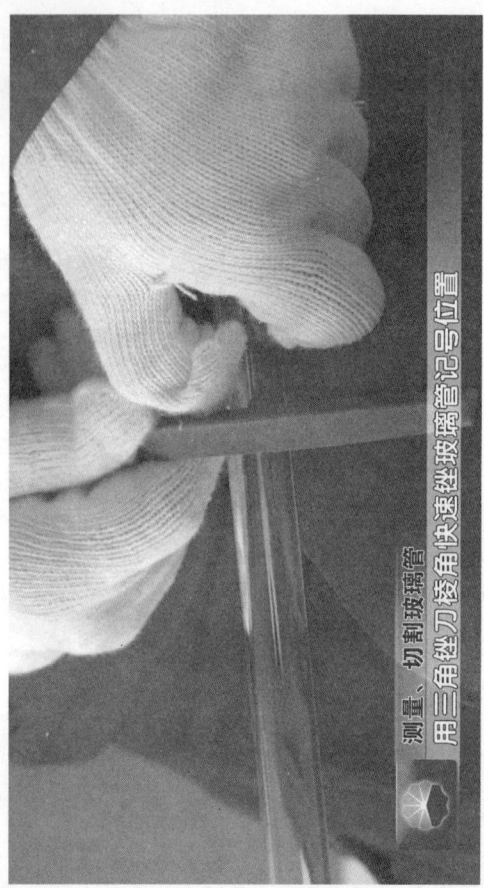

测量、切割玻璃管
用三角锉刀按角快速锉玻璃管记号位置

操作步骤

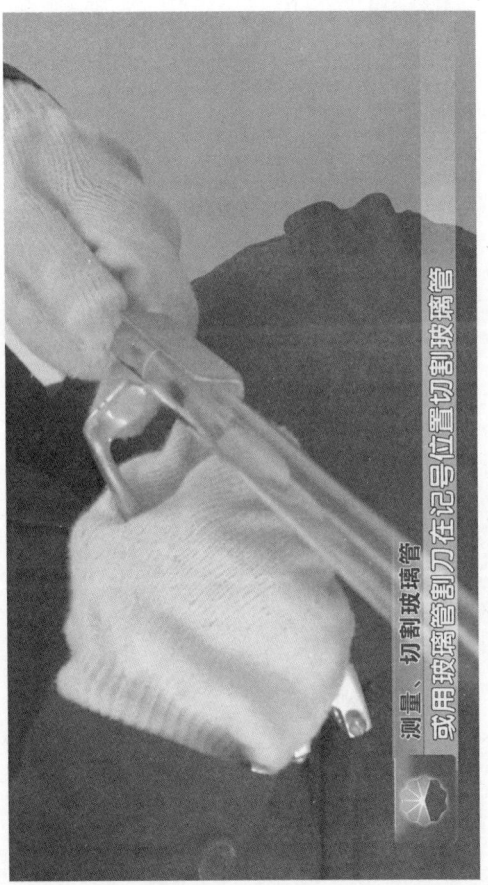

测量、切割玻璃管
或用玻璃管割刀在记号位置切割玻璃管

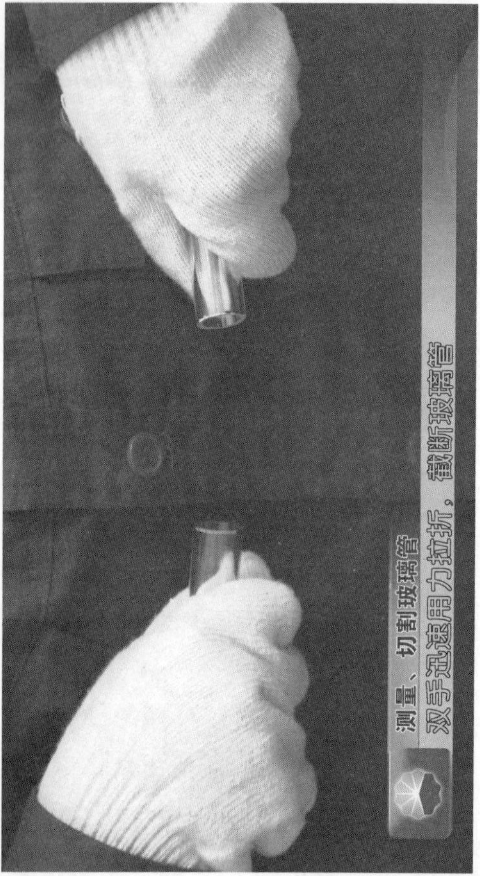

计量间更换分离器玻璃管操作

测量、切割玻璃管

双手冠紧握用力拉折,掰断玻璃管

(3)检查玻璃管切口平整,无裂纹,长度误差±2mm。

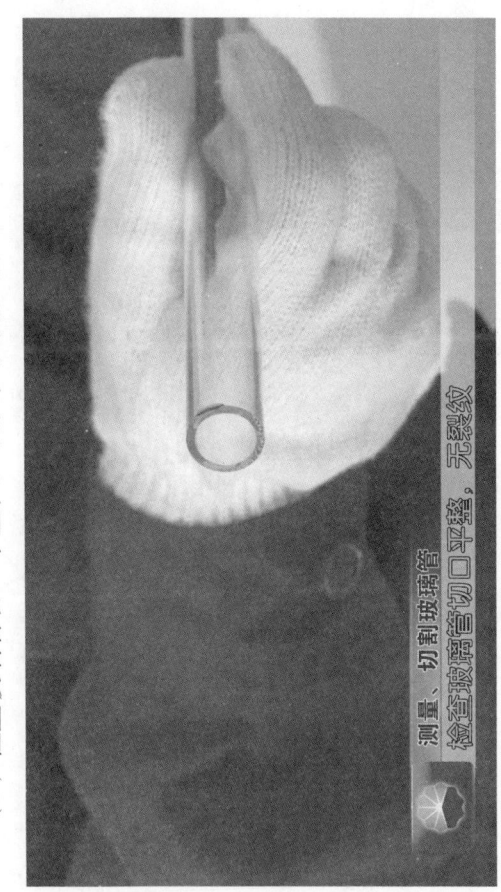

计量间更换分离器玻璃管操作

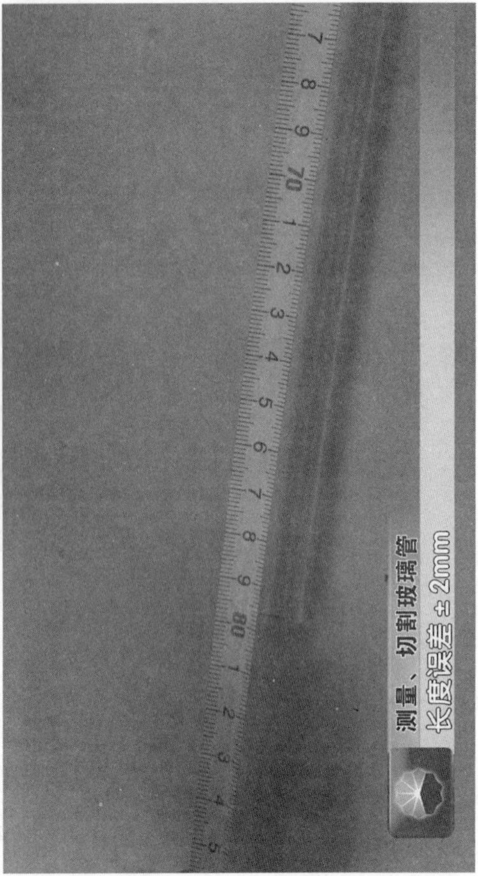

测量、切割玻璃管长度误差±2mm

操作步骤

(4) 检查确认流程正常后倒流程泄压。首先关闭玻璃管下部控制阀门,再关闭玻璃管上部控制阀门,最后打开玻璃管下部放空阀门,进行泄压。

倒流程泄压
途ను确认流程正常后倒流程泄压

计量间更换分离器玻璃管操作

倒流程泄压
首先关闭玻璃管下部控制阀门

操作步骤

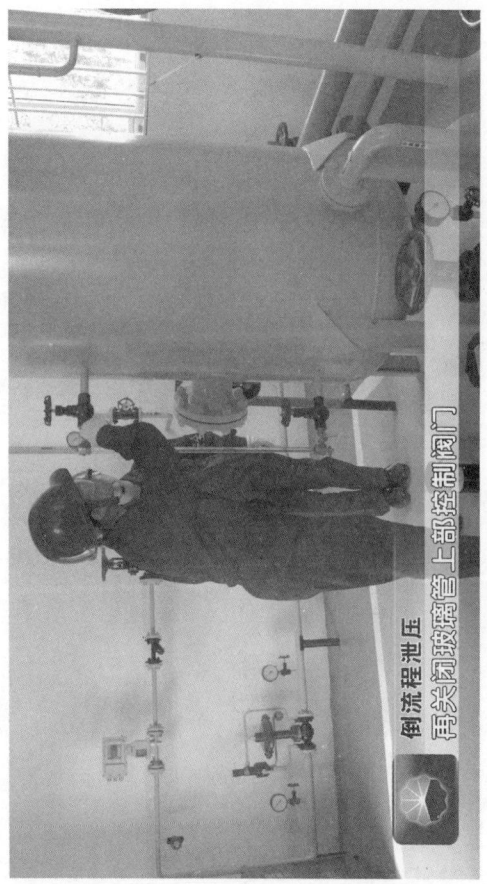

倒流程泄压
再关闭玻璃管上部控制阀门

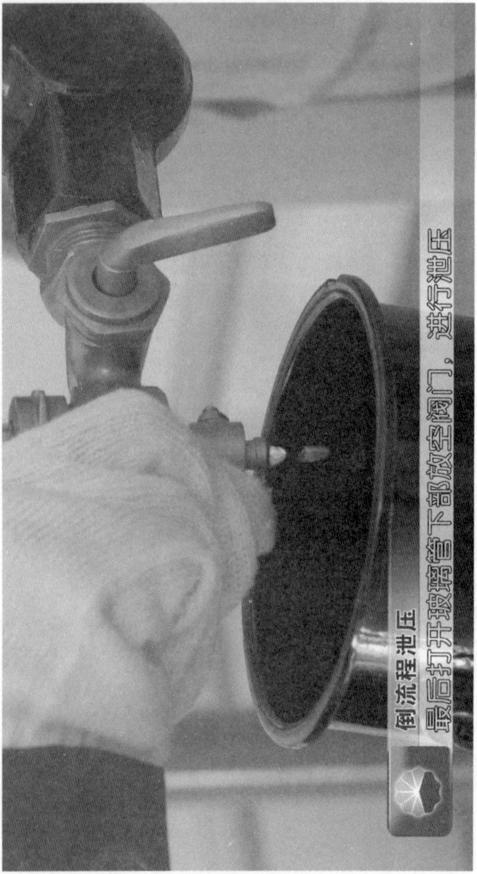

计量间更换分离器玻璃管操作

倒流程泄压

最后打开玻璃管下部放空阀门,进行泄压

(5)卸松下部限位螺丝,卸松上部限位螺丝,卸掉玻璃管上部丝堵。

使用扳手时,开口调节合适,防止滑脱。

计量间更换分离器玻璃管操作

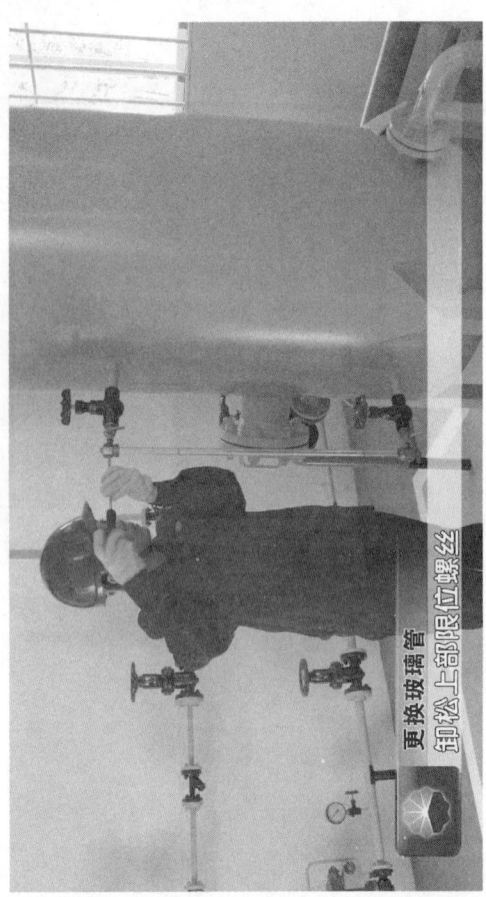

更换玻璃管
卸松上部限位螺丝

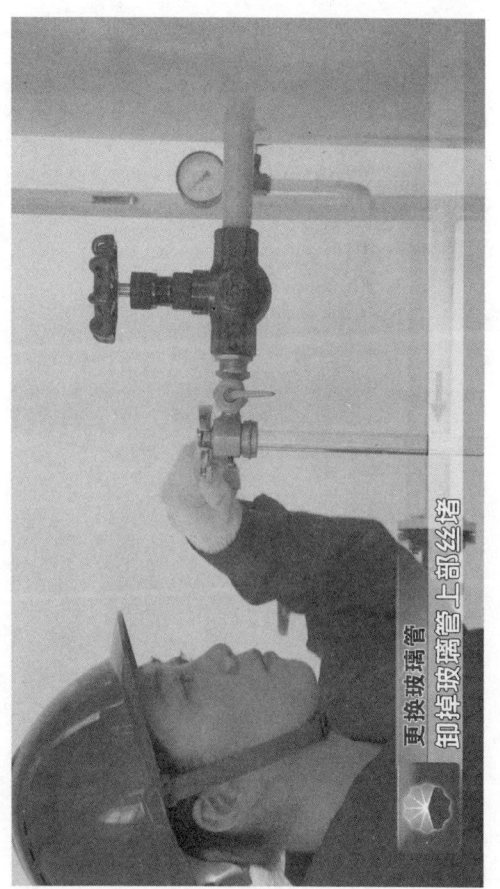

更换玻璃管
卸掉玻璃管上部丝堵

(6) 卸掉下部格兰压帽,卸掉上部格兰压帽,取出旧密封圈。取出密封圈时,用力要平稳,防止玻璃管损坏造成伤人。

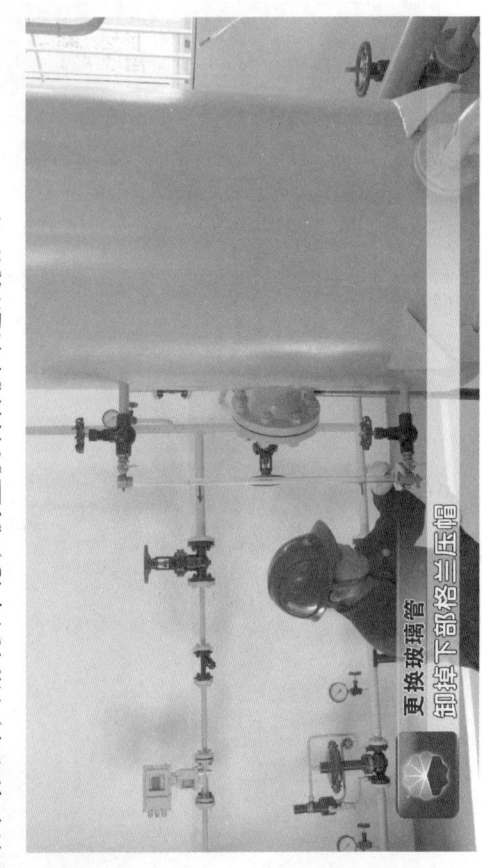

更换玻璃管
卸掉下部格兰压帽

操作步骤

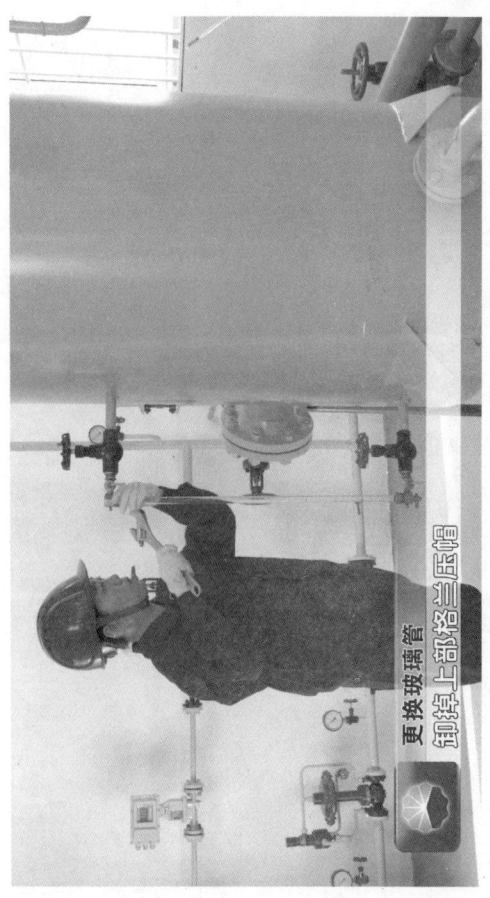

更换玻璃管
卸掉上部格兰压帽

计量间更换分离器玻璃管操作

(7) 缓慢取下旧玻璃管,并清理干净上部旋塞阀的填料函,下部旋塞阀的填料函。

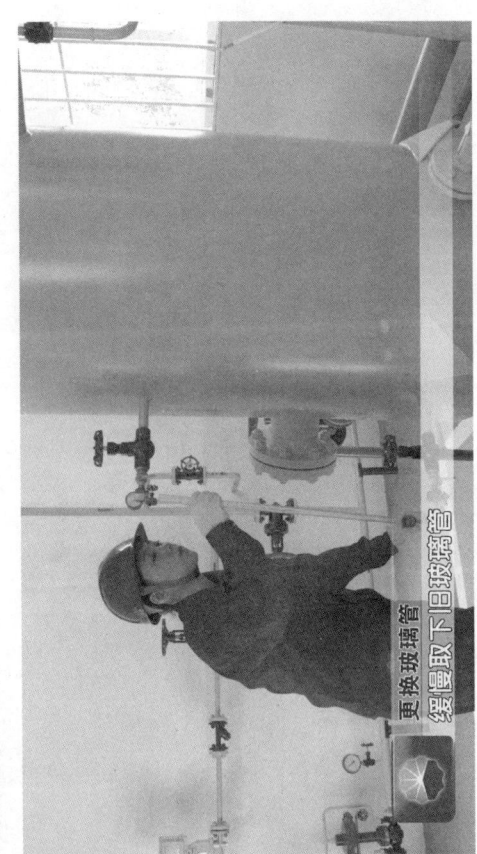

计量间更换分离器玻璃管操作

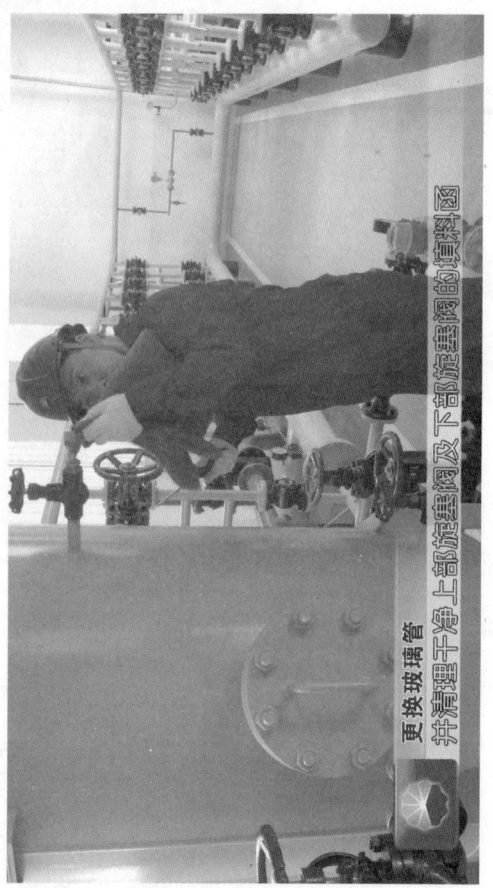

更换玻璃管：关闭干管上部旋塞阀及下部旋塞阀的填料函

(8) 将密封圈涂抹润滑脂,起到密封和润滑作用。

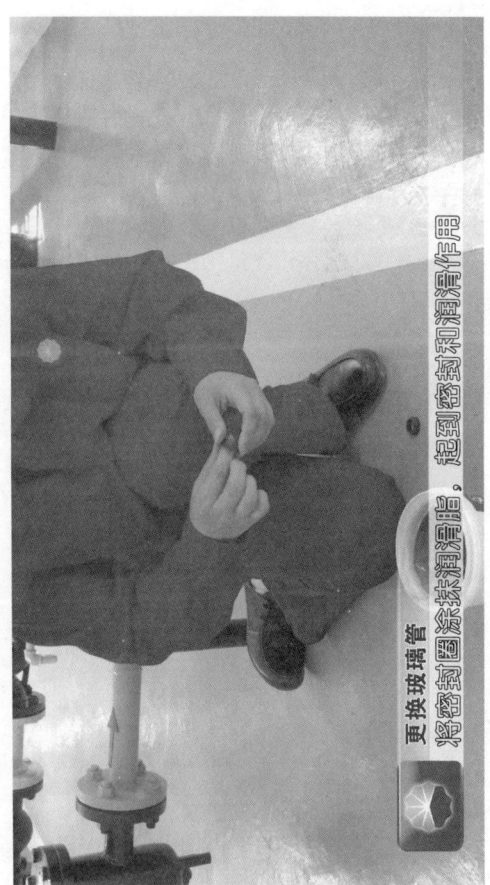

计量间更换分离器玻璃管操作

(9) 将密封圈、格兰压帽从玻璃管两端依次套在新玻璃管上。

更换玻璃管
将密封圈、格兰压帽从玻璃管两端依次套在新玻璃管上

（10）将新玻璃管从上部旋塞阀下端向上穿入，然后再坐入下部旋塞阀填料函内。

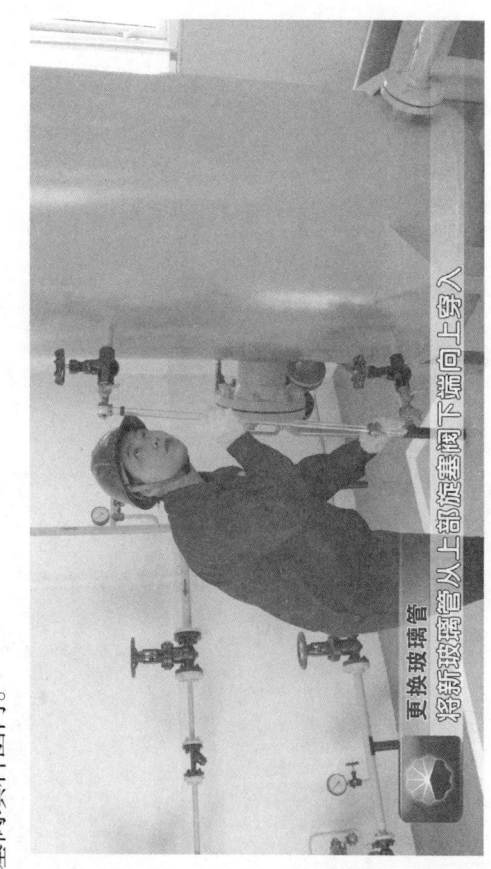

更换玻璃管
将新玻璃管从上部旋塞阀下端向上穿入

计量间更换分离器玻璃管操作

更换玻璃管,然后再丝入下部旋塞阀填料函内

(11) 上好限位螺丝,固定好玻璃管。

(12) 将密封圈填加合适后压平,上下交替紧固格兰压帽。用力要均匀防止挤碎玻璃管。

操作步骤

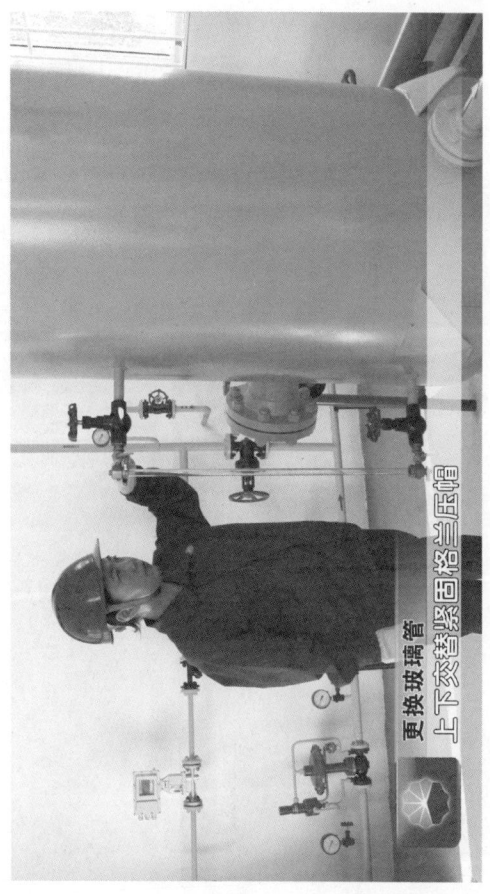

更换玻璃管
上下法兰紧固格兰压帽

计量间更换分离器玻璃管操作

更换玻璃管 用力要均匀,防止折断玻璃管

（13）装上丝堵并紧固，关闭放空阀门。

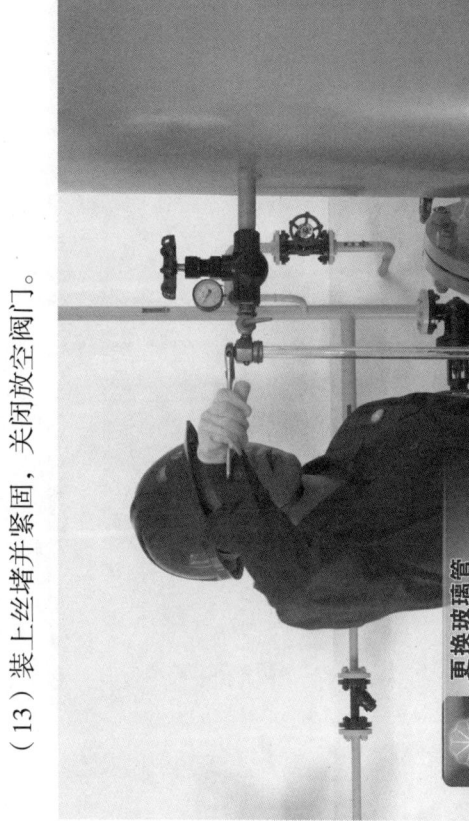

更换玻璃管
装上丝堵并紧固

计量间更换分离器玻璃管操作

（14）缓慢打开上部控制阀门试压，无渗漏后，开大上部控制阀门，再打开下部控制阀门。

试压恢复流程
缓慢打开上部控制阀门试压，无渗漏后，开大上部控制阀门

计量间更换分离器玻璃管操作

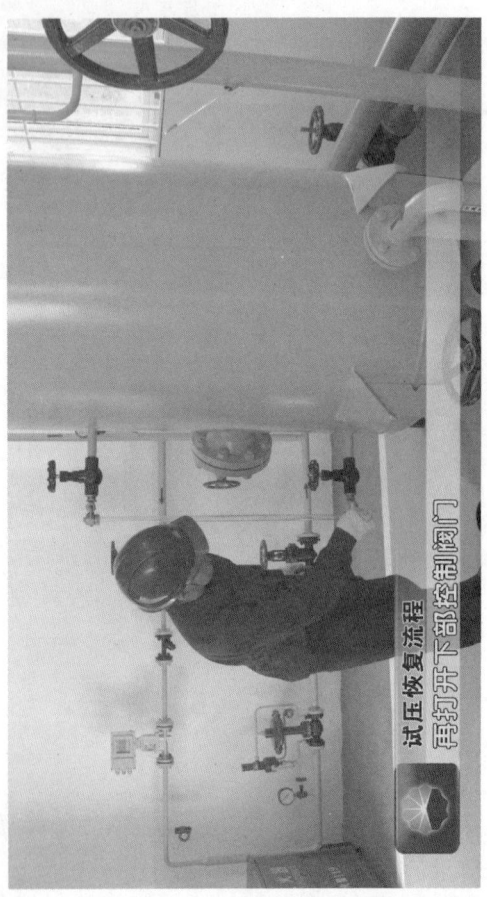

试压恢复流程
再打开下部控制阀门

(15)标定量油高度,并做好上、下标线。玻璃管下格兰压帽上平面上方 10cm 处为下标线位置,从下标线向上量取 50cm,作为上标线位置。用红色记号纸做出上标线和下标线的标记后可进行量油操作。

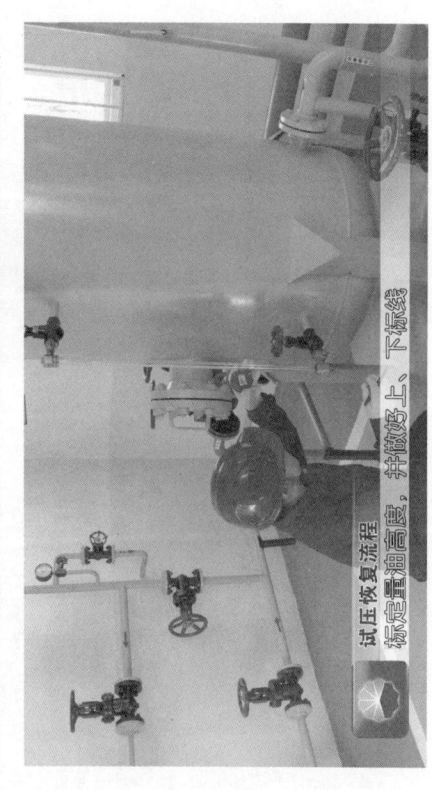

计量间更换分离器玻璃管操作

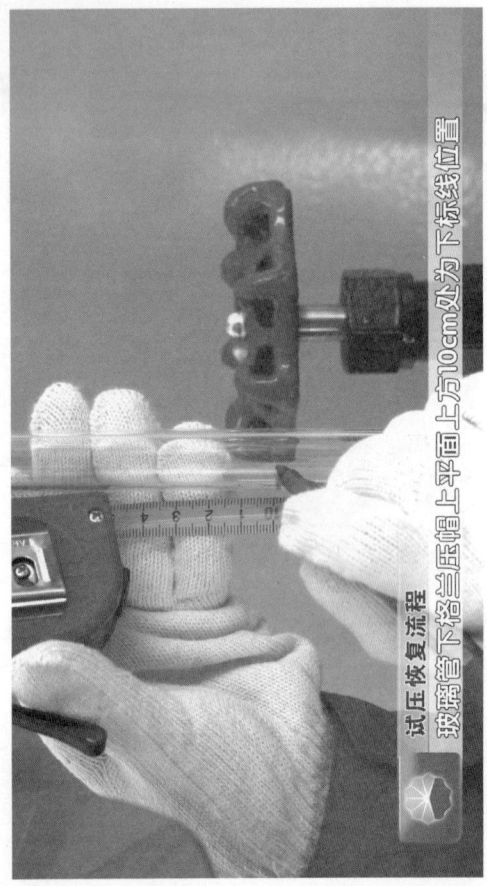

试压恢复流程
玻璃管下铬兰压帽上平面上方10cm处为下泵线位置

操作步骤

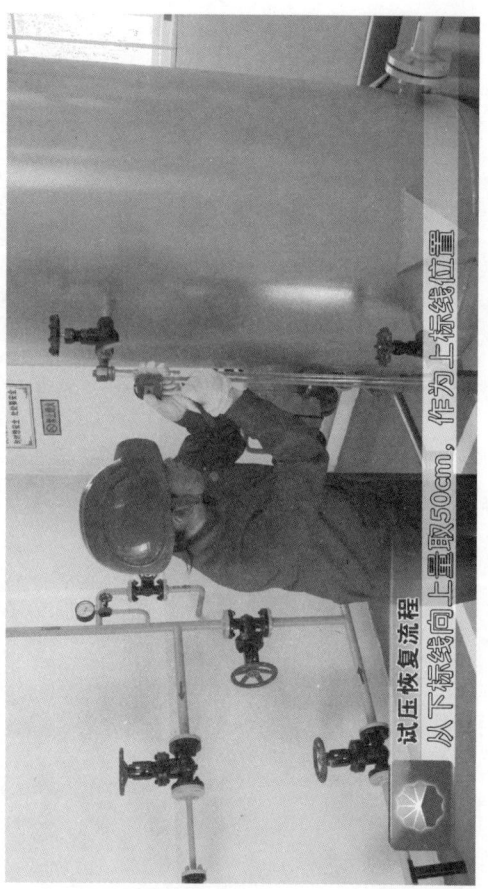

试压恢复流程
从下标线向上量取50cm，作为上标线位置

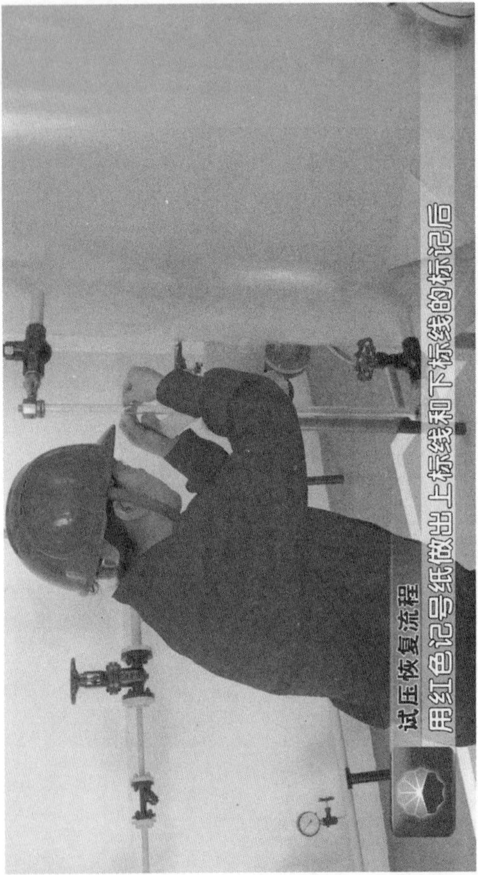

计量间更换分离器玻璃管操作

试压恢复流程
用红色记号纸做出上标线和下标线的标记后

操作步骤

试压恢复流程
可进行星油操作

相关知识

标定量油高度时,以下标线的上边线至上标线的下边线为准,误差不超过±1mm,标线宽度0.5~1mm为宜。

分离器直径与量油高度对照表

分离器直径(mm)	量油高度	
	有人孔	无人孔
φ600	40cm(人孔中心线以上10cm,中心线以下30cm)	30cm
φ800	50cm(人孔中心线以上15cm,中心线以下35cm)	50cm
φ1000		30cm
φ1200	30cm(人孔中心线为上界,中心线以下30cm)	

(16) 收拾工具,清理现场。

安全风险提示

(1) 监护人应负责监督操作人员正确执行操作规程,确保安全设备及防护措施齐全。

安全风险提示
(1) 监护人应负责监督操作人员正确执行操作规程

安全风险提示

(2) 量油操作时，计量间要保证安全通道畅通，通风良好。

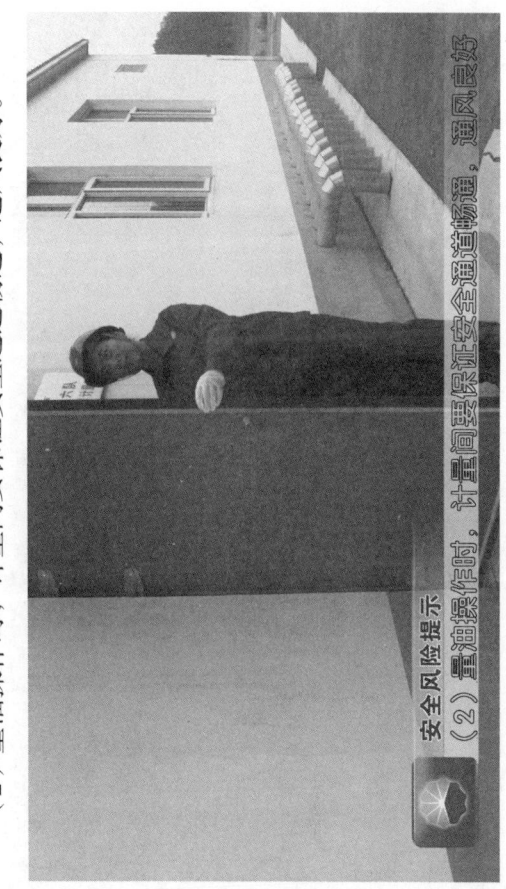

安全风险提示
(2) 量油操作时，计量间要保证安全通道畅通，通风良好

计量间更换分离器玻璃管操作

(3) 切割玻璃管时要戴好护目镜等防护用品,防止玻璃管破裂伤人。

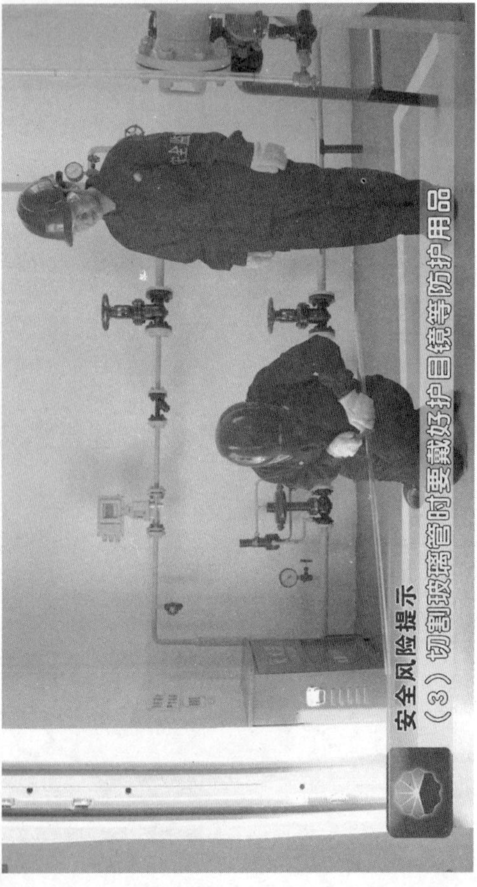

安全风险提示
(3) 切割玻璃管时要戴好护目镜等防护用品

安全风险提示

(4) 用螺钉旋具加入密封圈时,要均匀轻轻加入,防止碰碎玻璃管。

安全风险提示
(4) 用螺钉旋具加入密封圈时,要均匀轻轻加入。

计量间更换分离器玻璃管操作

(5) 紧固压帽时,用力均匀,防止用力过猛挤碎玻璃管。

安全风险提示
(5) 紧固压帽时,用力均匀,防止用力过猛挤碎玻璃管

(6）在操作结束后，必须关闭玻璃管控制阀门，防止玻璃管爆裂，发生油气泄漏事故。

安全风险提示
（6）在操作结束后，必须关闭玻璃管控制阀门，防止玻璃管爆裂

试 题

一、选择题（不限单选）

1. 更换玻璃管时，确定更换玻璃管长度需要测量（　　）位置。

A. 上、下格兰压帽之间

B. 上、下格兰压帽中心

C. 上、下控制阀门之间

D. 上、下旋塞阀定位螺丝中心

2. 测量更换的新玻璃管与旧玻璃管的长度误差不超过（　　）。

A. ±1mm　　　　　　B. ±2mm

C. ±3mm　　　　　　D. ±4mm

3. 更换玻璃管后，需要缓慢打开（　　）进行试压。

A. 上部控制阀门　　　B. 下部控制阀门

C. 放空阀门　　　　D. 旁通阀门

4. 更换玻璃管时,将密封圈涂抹润滑脂后,将密封圈、格兰压帽套在新玻璃管上的顺序是(　　)。

A. 从新玻璃管两端先套上密封圈然后套上格兰压帽

B. 从玻璃管一端先套上密封圈然后套上格兰压帽

C. 从新玻璃管两端先套上格兰压帽然后套上密封圈

D. 从新玻璃管上先套上格兰压帽,装上玻璃管后再装入密封圈

5. 更换玻璃管时,紧固限位螺丝力量不宜过大的目的是(　　)。

A. 保证密封　　　　B. 防止顶碎玻璃管
C. 保护限位螺丝　　D. 防止损坏密封圈

6. 标定量油高度时,以下标线的上边线至

上标线的下边线为准,误差不超过( )。

A. ±1mm　　　　　B. ±2mm

C. ±3mm　　　　　D. ±4mm

二、判断题

1. 倒流程泄压时,首先关闭玻璃管上部控制阀门、再关闭玻璃管下部控制阀门,最后打开玻璃管下部放空阀门,进行泄压。( )

2. 更换玻璃管时,将密封圈压平后,先紧固上部格兰压帽再紧固下部格兰压帽,用力要均匀防止挤碎玻璃管。( )

3. 更换玻璃管时,将新玻璃管从上部旋塞阀下端向上穿入,然后再坐入下部旋塞阀填料函内。( )

4. 玻璃管是计量间量油操作中显示分离器内压力的主要配件。( )

试题参考答案

一、选择题

题号	1	2	3	4	5	6
答案	D	B	A	C	B	A

二、判断题

题号	1	2	3	4
答案	×	×	√	×

《计量间标准化操作》

分册序号	分册书名
1	油井磁翻板液位计量油操作
2	计量间更换分离器玻璃管操作
3	制作更换法兰垫片操作
4	更换阀门密封填料操作
5	更换法兰阀门操作

采油工安全生产标准化操作丛书

中国石油人事部
中国石油勘探与生产分公司 编

计量间标准化操作 3

制作更换法兰垫片操作

石油工业出版社

图书在版编目（CIP）数据

计量间标准化操作 / 中国石油人事部, 中国石油勘探与生产分公司编. —北京：石油工业出版社, 2018.11

（采油工安全生产标准化操作丛书）

ISBN 978-7-5183-3022-5

Ⅰ.①计… Ⅱ.①中… ②中… Ⅲ.①石油开采–采油方法–技术操作规程 Ⅳ.①TE35-65

中国版本图书馆 CIP 数据核字（2018）第 257087 号

出版发行：石油工业出版社
　　　　　（北京安定门外安华里2区1号楼 100011）
　　网　　址：www.petropub.com
　　编辑部：（010）64523710
　　图书营销中心：（010）64523633
经　　销：全国新华书店
印　　刷：北京中石油彩色印刷有限责任公司

2018年11月第1版　2018年11月第1次印刷
880×1230毫米　开本：1/64　印张：6.9375
字数：90千字

定价：75.00元（全5册）
（如出现印装质量问题，我社图书营销中心负责调换）
版权所有，翻印必究

《采油工安全生产标准化操作丛书》
编委会

主　　　　任：吴　奇

副　主　任：黄　革　　郑新权　　万　军

执行副主任：王渝明　　张守良　　郝庆华

　　　　　　　王子云　　张　超　　赵捍军

委员：姜宝山　王　林　于胜泓　章卫兵　董洪亮

　　　王松波　吴景刚　全海涛　李亚鹏　范　猛

　　　王玉琢　杨　东　吴成龙　张万福　杨海波

　　　周　燕　侯继波　柴方源　祝汉强　肖长军

　　　赵　伟　卢盛红　朱继红　宋伟光　尹前进

　　　王海波　袁　月　王鹏飞　张　利　邓　钢

　　　吴文君　高　媛

《计量间标准化操作 3 制作更换法兰垫片操作》编委会

主　编：吴　奇

副主编：于　珊　　王冬艳　　康新宇

委　员：吴文君　　郑海峰　　曹　哲

　　　　姚宏艳　　王大一　　李雪莲

　　　　程　亮　　生凤英　　韩旭龙

　　　　付希庆　　谭洪彬　　刘　昱

　　　　张云辉　　胡胜杰　　周恒仓

开发单位

中国石油天然气股份有限公司勘探与生产分公司

大庆油田有限责任公司人事部(党委组织部)

大庆油田有限责任公司开发部

大庆油田有限责任公司质量安全环保部

大庆油田有限责任公司第二采油厂

大庆油田有限责任公司第四采油厂

大庆油田有限责任公司第六采油厂

大庆油田有限责任公司文化集团

大庆油田有限责任公司人才开发院

大庆油田有限责任公司大庆医学高等专科学校

合作单位

长庆油田分公司
辽河油田分公司
新疆油田分公司
大港油田分公司
华北油田分公司
石油工业出版社

Foreword 序

"求木之长者,必固其根本;欲流之远者,必浚其泉源。"2017年,党中央、国务院印发了《新时期产业工人队伍建设改革方案》,明确指出,产业工人是工人阶级中发挥支撑作用的主体力量,是创造社会财富的中坚力量,是创新驱动发展的骨干力量,是实施制造强国战略的有生力量。同时提出,要造就一支有理想守信念、懂技术会创新、敢担当讲奉献的宏大的产业工人队伍。这充分体现了党和国家对产业工人队伍建设的关心支持。

中国石油牢固树立以人为本、质量至上、安全第一、环保优先的理念,坚持施行标准化操作作为保证安全生产、深化精细管理、实现企业内涵发展的重要支撑。中国石油将提升员工技能水平作为抓好产业工人队伍建设的主攻方向,把标准化操作固化成基层单位和干部职工尤其是新员工的行为准则和工作标准,牢固树立"上标准岗、干标准活"的工作意识和理念,形成人人讲安全、人人会安全、人人都安全的良好局面。

守正笃实,久久为功。提升员工技能操作水平是一项长期而艰巨的任务,完善标准是基础,加强领导是保障,优化执行是根本。这需要大家积极推广标准化操作工作,不断加强和改进操作流程与标准,不断规范与完善标准化操作,引导广大员工全面提升对标准化操作的认知度,全面提升标准化操作执行力,规范本质化安全行为,推进各项工作上水平。

中国石油人事部和中国石油勘探与生产分公司共同组织编写的《采油工安全生产标准化

操作丛书》及配套的视频课件，包含中国石油各油气田单位通用性的140个基本操作，具有开发标准高、内容全面、注重安全风险、应用范围广、培训效果突出等方面优点。相对应的视频课件利用三维动画技术，通过分解、剖切等方式展示常规不可见的设备内部结构，让员工学习起来更加直观，是一套"看得懂、学得会、易掌握"的实用教材，真正做到了将"技术有形化"，填补了中国石油安全生产操作培训课件方面的空白，为进一步提升操作员工整体素质提供有力支撑。

目前，跨国公司员工培训已经进入了"互联网+培训"的员工混合式培训阶段，以多终端应用设备为载体，展现多种资源，结合线下培训和社区化学习模式，以网络化应用进行培训评估，实现可规划路径的人才发展优化培训。这套丛书从生产实际出发，以满足需求为导向，以促进员工养成标准化操作习惯为目标,实践性和针对性都很强。同时,大批专家的参与写作使教材的权威性有了保证。丛书配套的视频课件可以满足石油员工远程移动学习,也可以满足员工单机高清自学和集中学习。这样就形成了三位一体的员工培训模式,逐步迈入员工混合式培训阶段。希望这套丛书的出版发行,能为促进中国石油员工培训工作的深入开展,为促进员工操作技能水平的不断提升,为推动油气主业高质量发展,为实现中国石油建成世界一流综合性国际能源公司作出积极贡献。

中国石油天然气集团有限公司
总经理助理、人事部总经理　刘志华

PREFACE 前言

采油工是油田企业主体关键工种之一,在中国石油操作类员工中占比较大,采油工技能水平的高低,对油田的安全平稳生产起到至关重要的作用。为进一步提高采油工的基本素质和业务技能水平,中国石油人事部和中国石油勘探与生产分公司于2016年联合启动了采油工安全生产标准化操作视频培训课件开发项目,成立了课件编委会,委托大庆油田公司负责课件具体编制工作,并确定长庆、辽河、新疆、大港、华北5家油田公司和石油工业出版社,共同配合大庆油田做好视频培训课件编制工作。

课件开发过程中,大庆油田高度重视,按照"实际、实用、实效"的原则,专门成立了

课件开发工作领导组,组织公司人事部、开发部、安全环保部、第二采油厂、第四采油厂等9个部门和二级单位共同参与,共计抽调了100余名专家参与项目的研发设计。勘探与生产分公司加强过程监督和质量把控,针对开发方案、课件脚本、制作标准、课件样片等内容,按照不同工作节点先后组织三次大的集中审核会议,邀请中国石油各油田行业专家建言献策,为提高课件的通用性和实用性奠定坚实基础。大庆油田按照总体工作要求,历时两年,完成了视频培训课件的编制任务,并同步完成《采油工安全生产标准化操作丛书》的编写工作。本套丛书紧贴油田生产实际,以采油工岗位职责为依据,包含《安全防护用具使用》《工具、用具、量具使用》《采油工艺简介》《抽油机井标准化操作》《电动潜油泵井标准化操作》《电动螺杆泵井标准化操作》《注水井标准化操作》

《计量间标准化操作》《抽油机井生产故障分析与处理》《电动潜油泵井生产故障分析与处理》《电动螺杆泵井生产故障分析与处理》《注水井生产故障分析与处理》《计量间生产故障分析与处理》《现场应急救护》,共 14 种 140 个分册。本套丛书具有突出的实用性和规范性特点,可广泛用于新员工岗前培训、日常岗位练兵、鉴定考前培训、师徒帮带、技能竞赛等学习培训活动。

希望本套丛书能够为各石油企业提供借鉴,为今后采油工岗位培训的扎实有效开展提供有力保障。由于各油田在采油工艺、设备等方面存在差异性,书中难免有不足之处,敬请读者批评指正。

编者

2018 年 8 月

CONTENTS 目录

项目说明 1

参考标准 2

操作流程 3

所需工用具 10

操作步骤 26

安全风险提示 63

试题 69

试题参考答案 72

项目说明

　　法兰垫片在管道法兰连接中起密封作用，用于填充法兰密封面之间存在的微小间隙，堵塞介质泄漏通道。一旦损坏密封性能就会变差，导致法兰渗漏或刺漏，因此需及时更换。

参考标准

Q/SY DQ 0804—2013《采油岗位操作程序及要求》

操作流程

1. 准备工作

制作更换法兰垫片操作

2. 制作法兰垫片

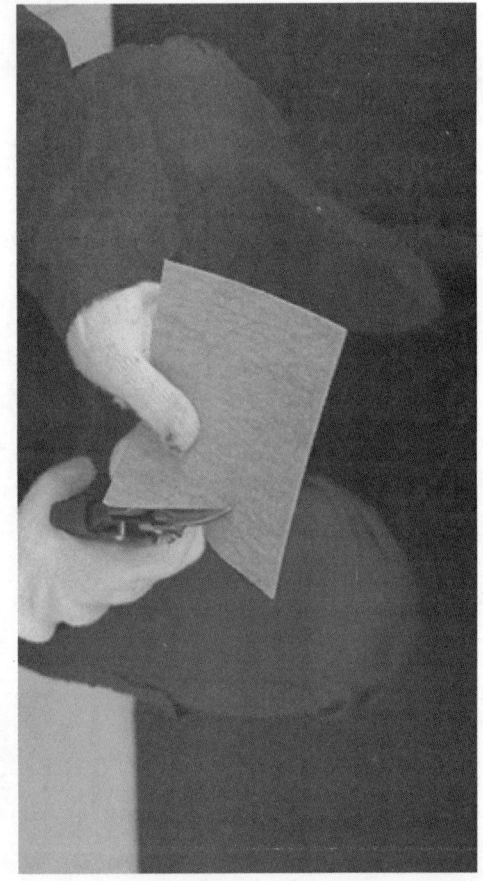

3. 倒流程泄压

制作更换法兰垫片操作

4. 更换新垫片

5. 恢复流程

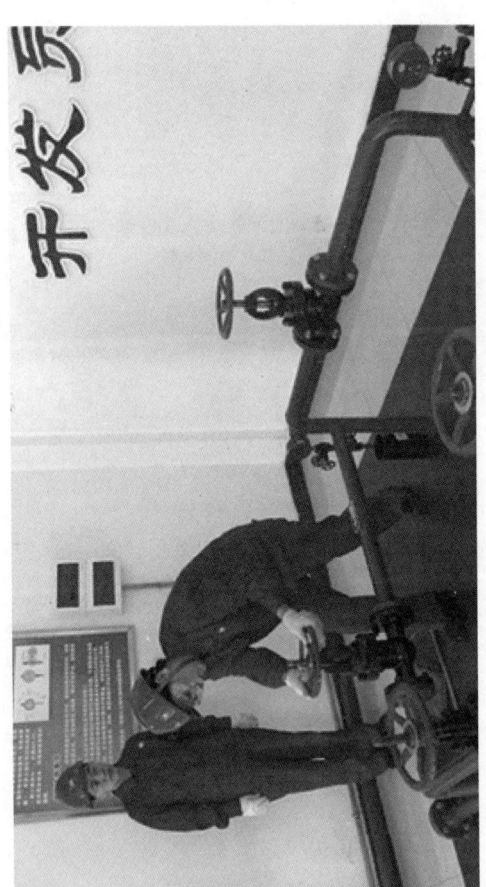

制作更换法兰垫片操作

6. 清理现场

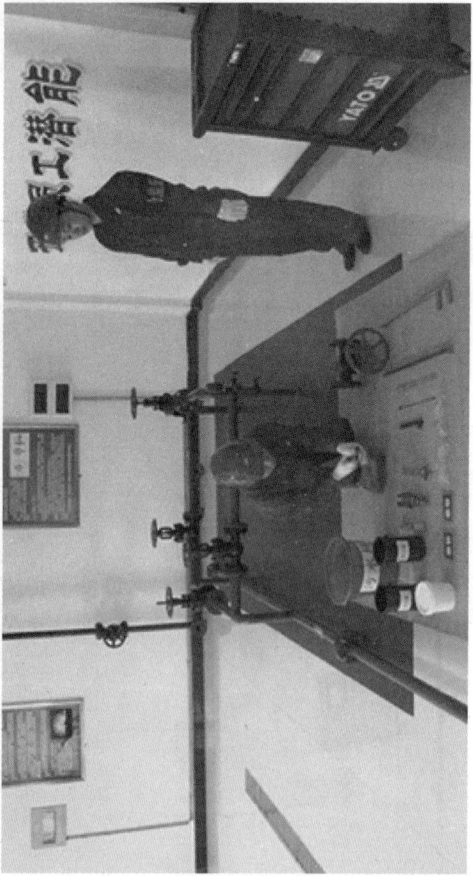

操作流程

操作由 2 人完成，其中 1 人负责安全监护。

操作前正确穿戴好劳动保护用品。

所需工用具

(1) 同型号法兰阀门 1 个。

所需工用具

（2）500mm 撬杠 1 根。

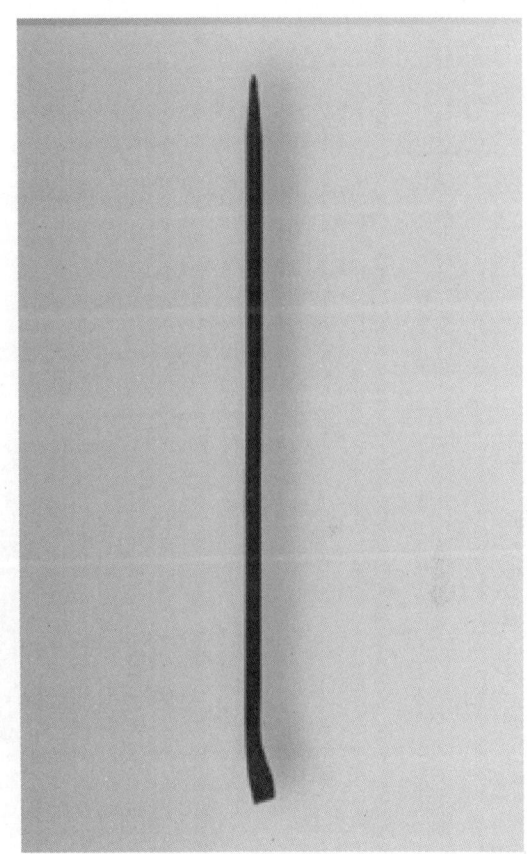

制作更换法兰垫片操作

(3) 300mm × 36mm 活扳手 1 把。

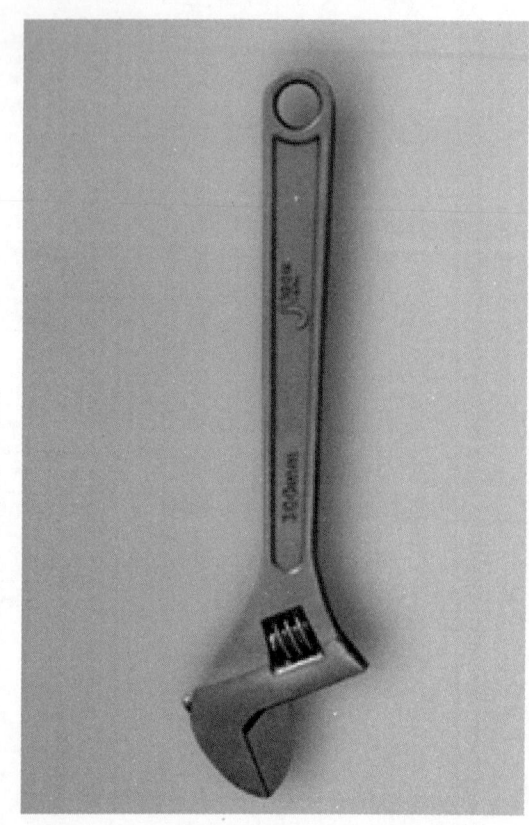

所需工用具

(4) 250mm × 30mm 活扳手 1 把。

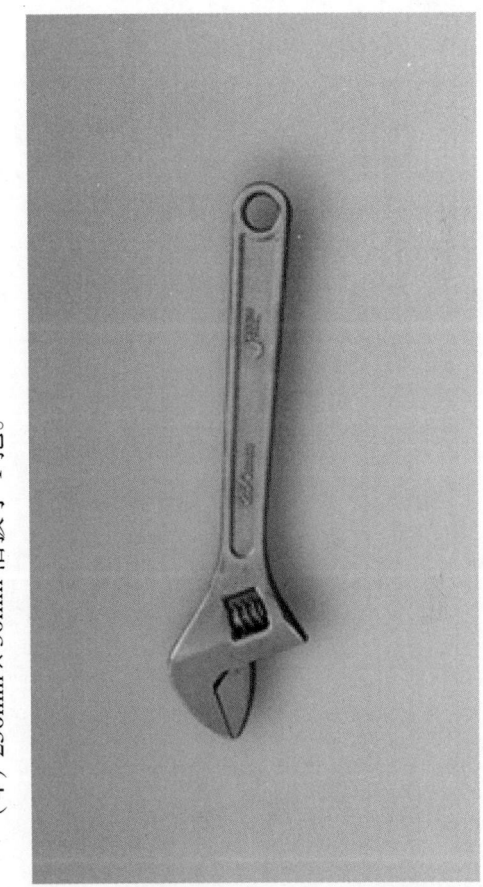

制作更换法兰垫片操作

(5) 300mm 钢板尺 1 把。

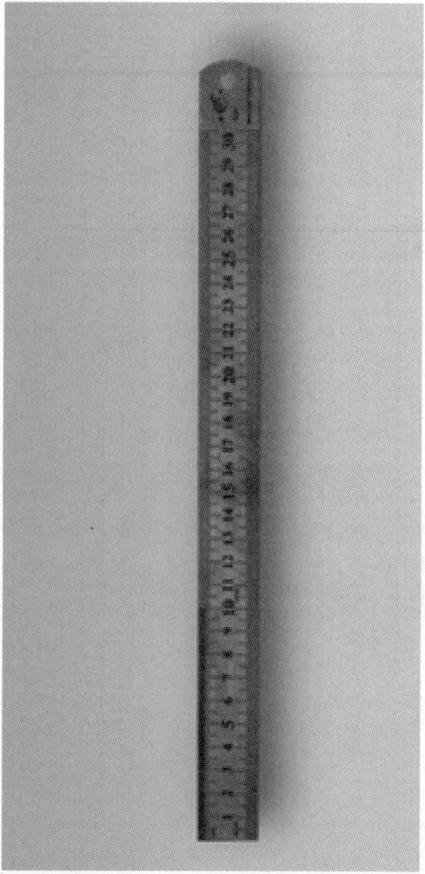

所需工用具

(6) 200mm 划规 1 把。

制作更换法兰垫片操作

(7) F扳手1把。

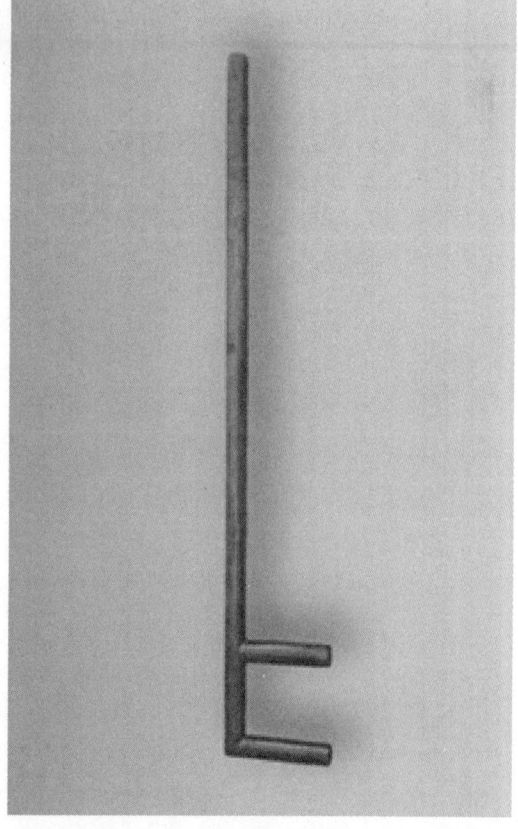

所需工用具

(8) 300mm 钢锯条 1 根。

制作更换法兰垫片操作

(9) 1in 灰刀 1 把。

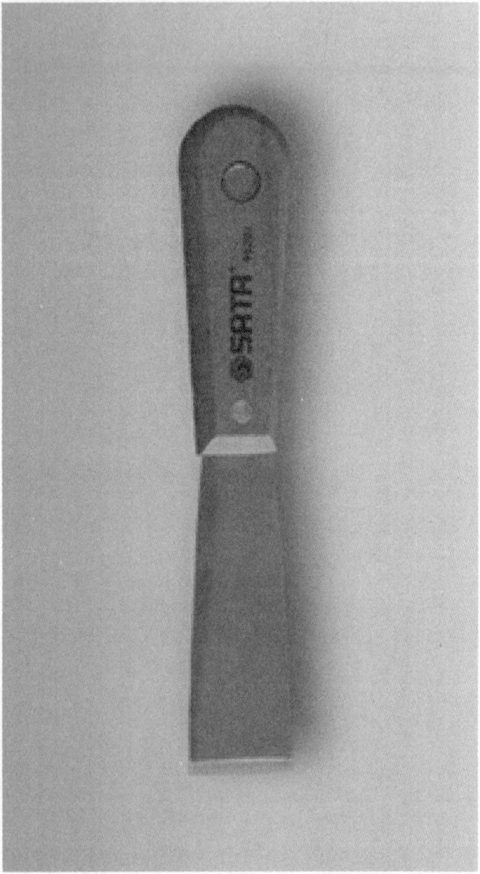

(10) 航空剪刀 1 把。

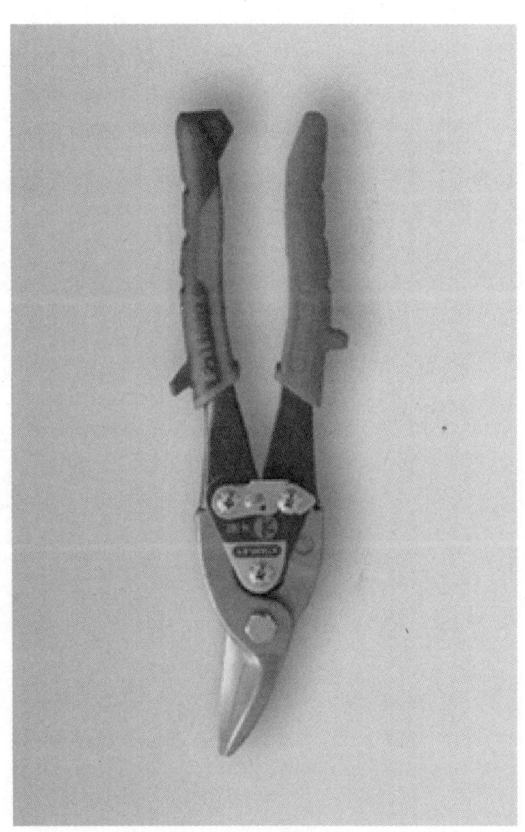

制作更换法兰垫片操作

(11) 2mm 石棉板若干。

所需工用具

(12) 放空桶 2 个。

(13) 污水桶 1 个。

所需工用具

(14) 检修牌 2 块。

制作更换法兰垫片操作

(15) 护目镜 2 副。

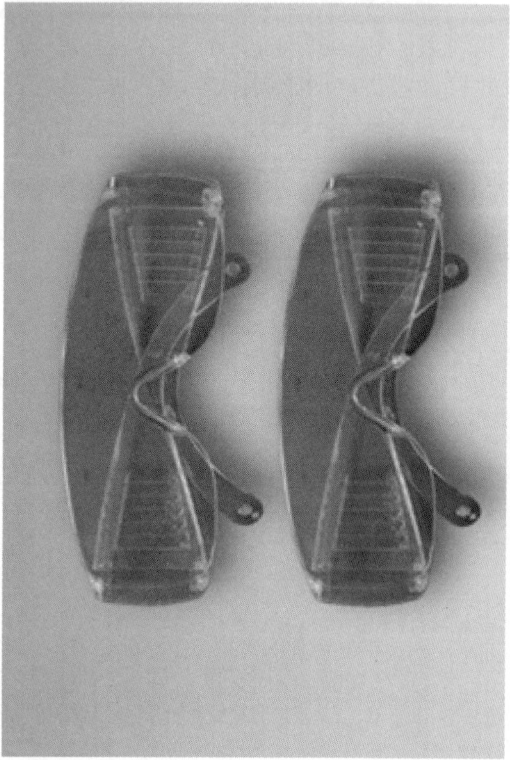

(16) 润滑脂、擦布若干。

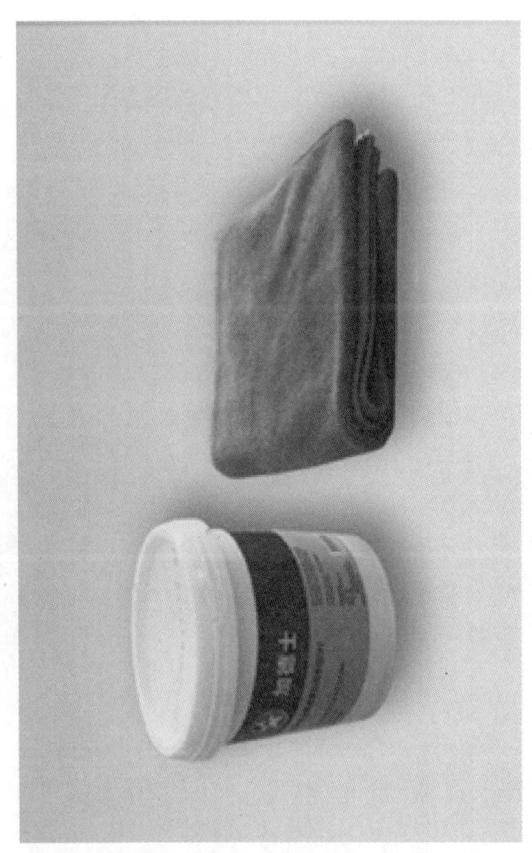

操作步骤

（1）测量法兰盘尺寸。用钢板尺与法兰两对角螺栓孔上下相切进行测量。测量法兰盘外径、法兰密封面外径、法兰密封面内径，确定法兰垫片尺寸。

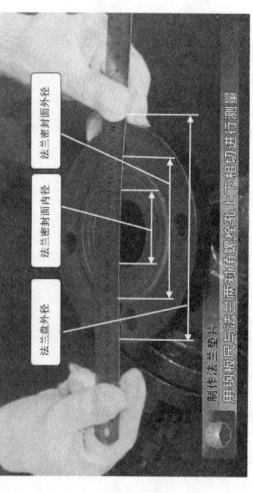

用钢板尺与法兰两对角螺栓孔上下相切进行测量

(2) 检查并清洁石棉板,应无划痕和裂纹。

(3) 用划规在钢板尺上量取法兰密封面外径尺寸,锁紧划规,在石棉板上划出法兰垫片外圆。用同样方法划出内圆。内、外圆应同心。通过圆心以大圆边线为起点向外划出,确定手柄长度及位置,并划线。手柄外露法兰 10~15mm 为宜。

制作法兰垫片
在石棉板上划出法兰垫片外圆

操作步骤

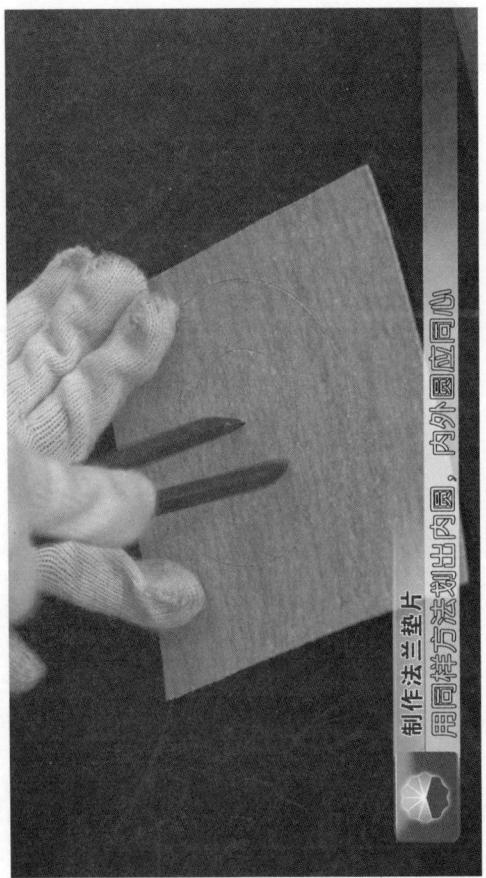

制作法兰垫片
用同样方法划出内圆，内外圆应同心

制作更换法兰垫片操作

制作法兰垫片
通过圆心以大圆边线为起点向外划出

（4）按所画轮廓线剪下垫片。法兰垫片内外圆同心、光滑、无毛刺，内、外径尺寸误差 ±2mm。

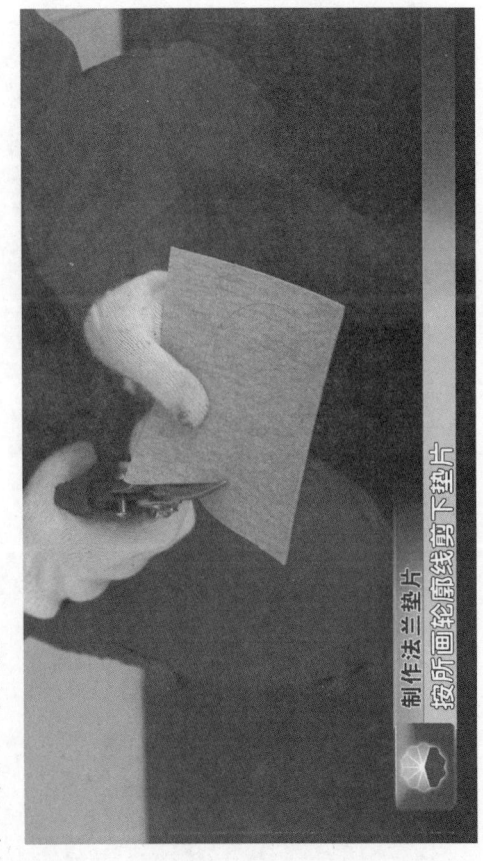

制作更换法兰垫片操作

制作法兰垫片
法兰垫片内外圆同心，内外经尺寸误差±2mm

操作步骤

(5) 检查流程,确认管路内介质流向。上流阀门、下流阀门处于打开状态,旁通阀门、放空阀门处于关闭状态,流程无渗漏。

制作更换法兰垫片操作

(6)打开旁通阀门,开关阀门时要侧离阀杆旋出方向,平稳操作,防止阀杆弹出。开至最大后回半圈。

倒流程泄压
打开旁通阀门

操作步骤

倒流程泄压
开关阀门时要则离阀杆旋出方向，平稳操作

制作更换法兰垫片操作

(7) 先关闭上流阀门挂检修牌。再关闭下流阀门挂检修牌。

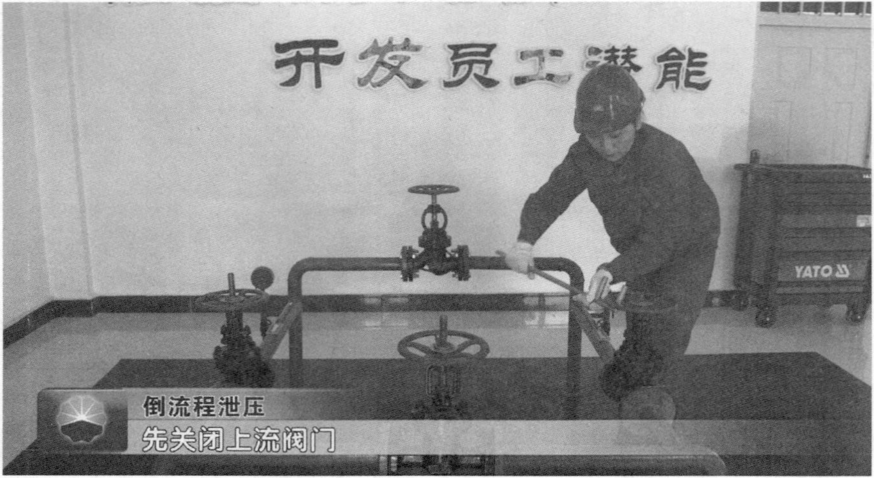

操作步骤

制作更换法兰垫片操作

操作步骤

制作更换法兰垫片操作

(8) 打开放空阀门,泄压。

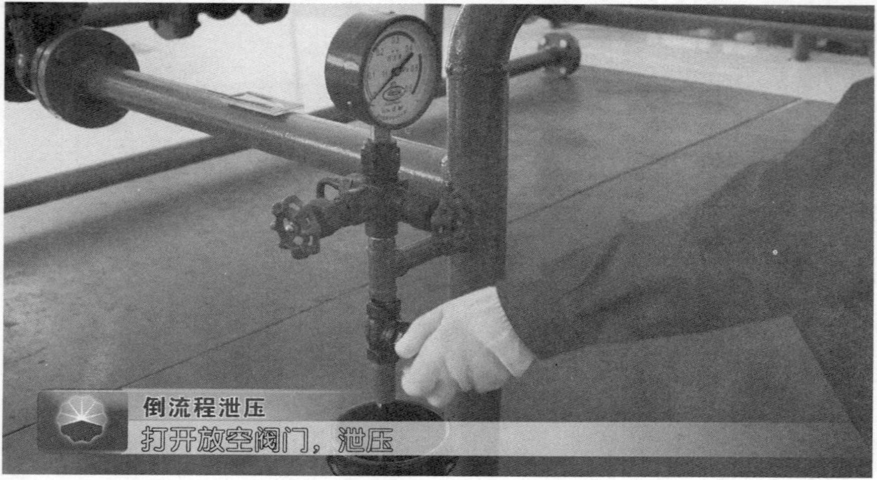

(9) 观察压力表指针归零,余压泄净方可操作。

倒流程泄压
观察压力表指针归零,余压泄净方可操作

制作更换法兰垫片操作

（10）先卸松下部外侧螺母，待管路内介质全部流净后，依次卸松其他3个螺母。

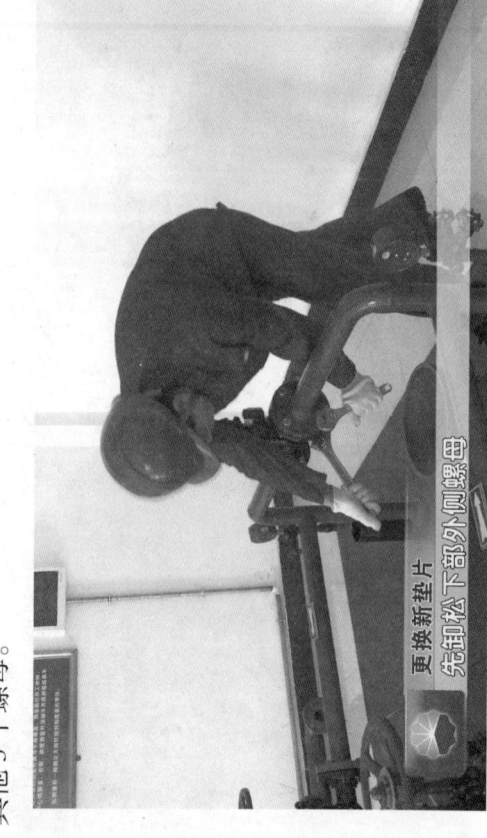

更换新垫片
先卸松下部外侧螺母

更换新垫片

待管路内介质全部流净后,依次卸松其他3个螺母

制作更换法兰垫片操作

（11）取下一条螺栓。

（12）撬开两法兰面，撬杠的支点应在固定端，撬动时严禁损伤法兰密封面。取出旧垫片，清理法兰密封面。新垫片两面均匀涂抹润滑脂，起到密封、防腐作用。

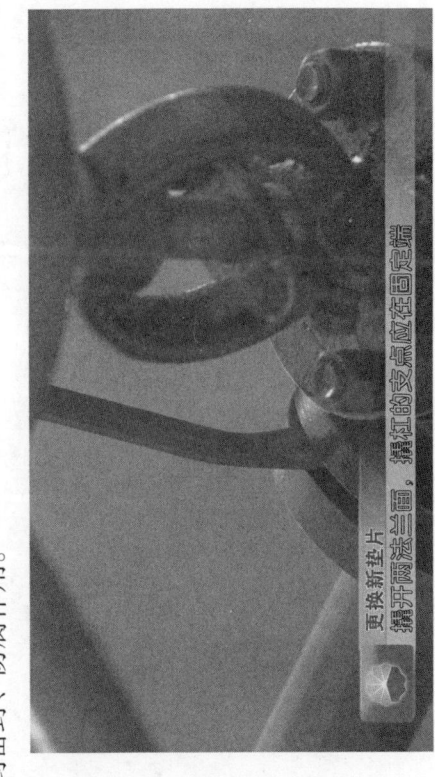

更换新垫片，撬杠的支点应在固定端

制作更换法兰垫片操作

更换新垫片

取出旧垫片

操作步骤

更换新垫片
清理法兰密封面

制作更换法兰垫片操作

更换新垫片
新垫片两面均匀涂抹润滑脂,起到密封、防腐的作用

(13) 撬开两法兰面,放入新垫片。

制作更换法兰垫片操作

(14) 调整垫片与法兰同心,确保垫片与法兰密封面充分接触。

更换新垫片
调整垫片与法兰同心,确保垫片与法兰密封面充分接触

(15) 安装螺栓，对角紧固。检查法兰间隙一致，受力均匀。

制作更换法兰垫片操作

潜 工 员 安 全

更换新垫片
对角紧固

更换新垫片
检查法兰间隙一致，受力均匀

制作更换法兰垫片操作

(16) 关闭放空阀门。

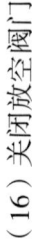

（17）取下检修牌，缓慢打开下流阀门试压，使管线逐渐充压，观察压力稳定后，检查参漏，开大下流阀门。

制作更换法兰垫片操作

恢复流程
缓慢打开下流阀门试压,使管线逐渐升压

— 56 —

操作步骤

开安装

恢复流程
观察压力稳定后,检查渗漏

制作更换法兰垫片操作

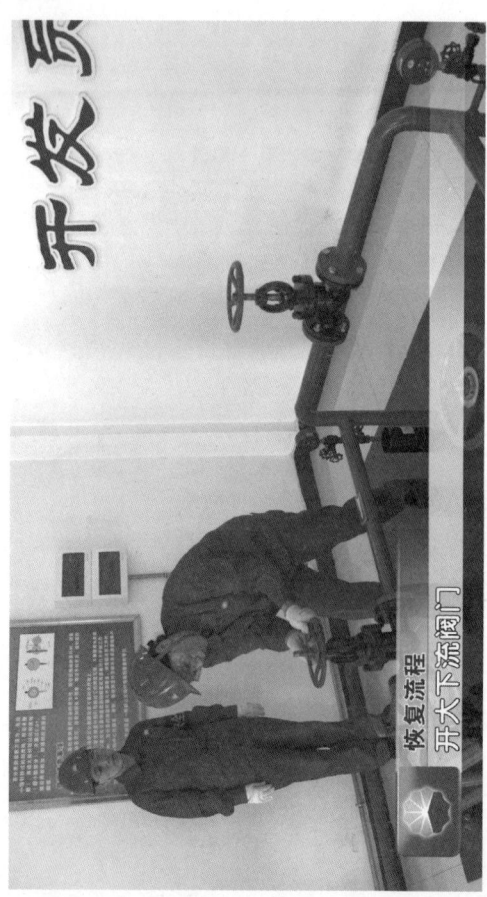

- 58 -

（18）取下检修牌，打开上流阀门，关闭旁通阀门，恢复正常生产流程。

制作更换法兰垫片操作

操作步骤

恢复流程
关闭旁通阀门,恢复正常生产流程

制作更换法兰垫片操作

(19) 收拾工具,清理现场。

安全风险提示

（1）监护人应负责监督操作人员正确执行操作规程，确保安全设备及防护措施齐全。

制作更换法兰垫片操作

(2) 制作垫片时,手指避开剪刀刃口,防止划伤。

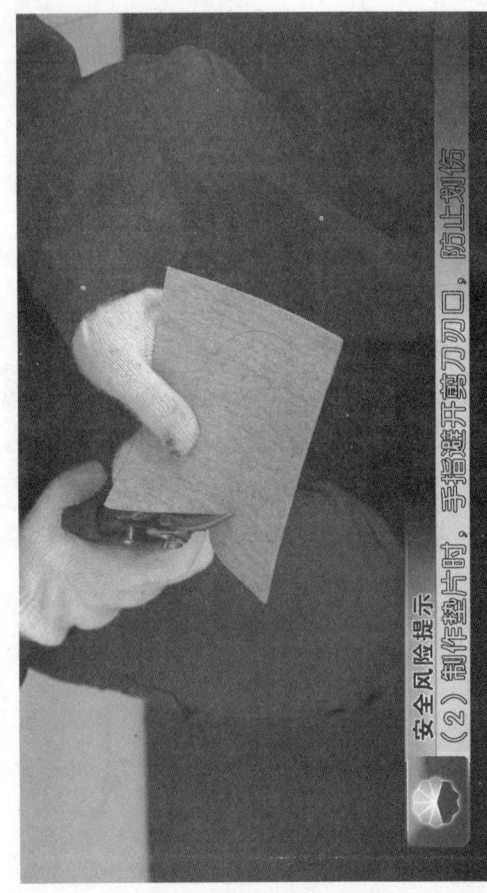

安全风险提示
(2) 制作垫片时,手指避开剪刀刃口,防止划伤

(3) 开关阀门时要侧离阀杆旋出方向,平稳操作,防止阀杆弹出。

制作更换法兰垫片操作

(4)倒流程泄压时,人员要避开泄压点,防止造成人身伤害。

安全风险提示
(4)倒流程泄压时,人员要避开泄压点

(5) 调整垫片时应避让开法兰间隙,防止夹伤手指。

安全风险提示
(5) 调整垫片时应避开法兰间隙,防止夹伤手指。

制作更换法兰垫片操作

（6）使用撬杠时支点应在固定端，防止撬杠滑脱伤人。

安全风险提示
（6）使用撬杠时支点应在固定端，防止撬杠滑脱伤人

试 题

一、选择题(不限单选)

1. 法兰垫片在管道法兰连接中起( )作用,用于填充法兰密封面之间存在的微小间隙,堵塞介质泄漏通道。

A. 固定 　　　　B. 密封

C. 连接 　　　　D. 润滑

2. 确定法兰垫片尺寸,用钢板尺测量法兰盘尺寸时。钢板尺与法兰( )进行测量。

A. 两对角螺栓孔相连

B. 两对角螺栓孔相切

C. 两对角螺栓孔上下相切

D. 两对角螺栓孔中心相连

3. 法兰垫片内外圆同心,光滑、无毛刺,内、外径尺寸误差( )。

A. ±1mm　　　　　　B. ±2mm

C. ±3mm　　　　　　D. ±4mm

4.更换法兰垫片操作拆卸螺栓时,先卸松(　　)螺母,待管路内介质全部流净后,依次卸松其他3个螺母。

A. 下部内侧　　　　　B. 下部外侧

C. 上部内侧　　　　　D. 上部外侧

5.更换法兰垫片操作检查流程,确认管路内介质流向,倒流程时首先要打开(　　)。

A. 上流阀门　　　　　B. 下流阀门

C. 旁通阀门　　　　　D. 放空阀门

6.更换法兰垫片操作安装螺栓时,应(　　)紧固螺栓。检查法兰间隙一致,受力均匀。

A. 对角均匀　　　　　B. 顺序

C. 先内后外　　　　　D. 先外后内

二、判断题

1.更换阀门法兰垫片时,必须把全部螺栓

卸掉后,才可以更换。( )

2.更换法兰垫片操作,撬开两法兰面,撬杠的支点应在活动端,撬动时严禁损伤法兰密封面。( )

3.更换法兰垫片操作时,撬开两法兰面,放入新垫片,垫片与法兰同心,确保垫片与法兰密封面充分接触。( )

4.更换法兰垫片操作后,关闭放空阀门,取下检修牌,缓慢打开下流阀门试压,使管线逐渐充压,观察压力稳定后,检查渗漏。( )

试题参考答案

一、选择题

题号	1	2	3	4	5	6
答案	B	C	B	B	C	A

二、判断题

题号	1	2	3	4
答案	×	×	√	√

《计量间标准化操作》

分册序号	分册书名
1	油井磁翻板液位计量油操作
2	计量间更换分离器玻璃管操作
3	制作更换法兰垫片操作
4	更换阀门密封填料操作
5	更换法兰阀门操作

采油工安全生产标准化操作丛书

中国石油人事部
中国石油勘探与生产分公司 编

计量间标准化操作 4

更换阀门密封填料操作

石油工业出版社

图书在版编目（CIP）数据

计量间标准化操作 / 中国石油人事部，中国石油勘探与生产分公司编 . —北京：石油工业出版社，2018.11

（采油工安全生产标准化操作丛书）

ISBN 978-7-5183-3022-5

Ⅰ.①计⋯　Ⅱ.①中⋯　②中⋯　Ⅲ.①石油开采–采油方法–技术操作规程　Ⅳ.① TE35-65

中国版本图书馆 CIP 数据核字（2018）第 257087 号

出版发行：石油工业出版社
　　　　　（北京安定门外安华里 2 区 1 号楼 100011）
　　　　　网　　址：www.petropub.com
　　　　　编辑部：（010）64523710
　　　　　图书营销中心：（010）64523633
经　　销：全国新华书店
印　　刷：北京中石油彩色印刷有限责任公司

2018 年 11 月第 1 版　2018 年 11 月第 1 次印刷
880×1230 毫米　开本：1/64　印张：6.9375
字数：90 千字

定价：75.00 元（全 5 册）
（如出现印装质量问题，我社图书营销中心负责调换）
版权所有，翻印必究

《采油工安全生产标准化操作丛书》
编委会

主　　　任：吴　奇

副　主　任：黄　革　　郑新权　　万　军

执行副主任：王渝明　　张守良　　郝庆华

　　　　　　王子云　　张　超　　赵捍军

委员：姜宝山　王　林　于胜泓　章卫兵　董洪亮

　　　王松波　吴景刚　全海涛　李亚鹏　范　猛

　　　王玉琢　杨　东　吴成龙　张万福　杨海波

　　　周　燕　侯继波　柴方源　祝汉强　肖长军

　　　赵　伟　卢盛红　朱继红　宋伟光　尹前进

　　　王海波　袁　月　王鹏飞　张　利　邓　钢

　　　吴文君　高　媛

《计量间标准化操作 4
更换阀门密封填料操作》
编 委 会

主　编：吴　奇

副主编：杨海波　　全海波　　缪　晖

委　员：曹　哲　　姚宏艳　　吴文君

　　　　生凤英　　张　宇　　王冬艳

　　　　郑海峰　　王大一　　韩旭龙

　　　　付希庆　　谭洪彬　　刘　昱

　　　　张云辉　　胡胜杰　　周恒仓

开发单位

中国石油天然气股份有限公司勘探与生产分公司

大庆油田有限责任公司人事部(党委组织部)

大庆油田有限责任公司开发部

大庆油田有限责任公司质量安全环保部

大庆油田有限责任公司第二采油厂

大庆油田有限责任公司第四采油厂

大庆油田有限责任公司第六采油厂

大庆油田有限责任公司文化集团

大庆油田有限责任公司人才开发院

大庆油田有限责任公司大庆医学高等专科学校

合作单位

长庆油田分公司
辽河油田分公司
新疆油田分公司
大港油田分公司
华北油田分公司
石油工业出版社

Foreword 序

"求木之长者，必固其根本；欲流之远者，必浚其泉源。"2017年，党中央、国务院印发了《新时期产业工人队伍建设改革方案》，明确指出，产业工人是工人阶级中发挥支撑作用的主体力量，是创造社会财富的中坚力量，是创新驱动发展的骨干力量，是实施制造强国战略的有生力量。同时提出，要造就一支有理想守信念、懂技术会创新、敢担当讲奉献的宏大的产业工人队伍。这充分体现了党和国家对产业工人队伍建设的关心支持。

中国石油牢固树立以人为本、质量至上、安全第一、环保优先的理念，坚持施行标准化操作作为保证安全生产、深化精细管理、实现

企业内涵发展的重要支撑。中国石油将提升员工技能水平作为抓好产业工人队伍建设的主攻方向,把标准化操作固化成基层单位和干部职工尤其是新员工的行为准则和工作标准,牢固树立"上标准岗、干标准活"的工作意识和理念,形成人人讲安全、人人会安全、人人都安全的良好局面。

守正笃实,久久为功。提升员工技能操作水平是一项长期而艰巨的任务,完善标准是基础,加强领导是保障,优化执行是根本。这需要大家积极推广标准化操作工作,不断加强和改进操作流程与标准,不断规范与完善标准化操作,引导广大员工全面提升对标准化操作的认知度,全面提升标准化操作执行力,规范本质化安全行为,推进各项工作上水平。

中国石油人事部和中国石油勘探与生产分公司共同组织编写的《采油工安全生产标准化

操作丛书》及配套的视频课件,包含中国石油各油气田单位通用性的140个基本操作,具有开发标准高、内容全面、注重安全风险、应用范围广、培训效果突出等方面优点。相对应的视频课件利用三维动画技术,通过分解、剖切等方式展示常规不可见的设备内部结构,让员工学习起来更加直观,是一套"看得懂、学得会、易掌握"的实用教材,真正做到了将"技术有形化",填补了中国石油安全生产操作培训课件方面的空白,为进一步提升操作员工整体素质提供有力支撑。

目前,跨国公司员工培训已经进入了"互联网+培训"的员工混合式培训阶段,以多终端应用设备为载体,展现多种资源,结合线下培训和社区化学习模式,以网络化应用进行培训评估,实现可规划路径的人才发展优化培训。这套丛书从生产实际出发,以满足需求为导向,

以促进员工养成标准化操作习惯为目标，实践性和针对性都很强。同时，大批专家的参与写作使教材的权威性有了保证。丛书配套的视频课件可以满足石油员工远程移动学习，也可以满足员工单机高清自学和集中学习。这样就形成了三位一体的员工培训模式，逐步迈入员工混合式培训阶段。希望这套丛书的出版发行，能为促进中国石油员工培训工作的深入开展，为促进员工操作技能水平的不断提升，为推动油气主业高质量发展，为实现中国石油建成世界一流综合性国际能源公司作出积极贡献。

中国石油天然气集团有限公司
总经理助理、人事部总经理

PREFACE 前言

采油工是油田企业主体关键工种之一,在中国石油操作类员工中占比较大,采油工技能水平的高低,对油田的安全平稳生产起到至关重要的作用。为进一步提高采油工的基本素质和业务技能水平,中国石油人事部和中国石油勘探与生产分公司于2016年联合启动了采油工安全生产标准化操作视频培训课件开发项目,成立了课件编委会,委托大庆油田公司负责课件具体编制工作,并确定长庆、辽河、新疆、大港、华北5家油田公司和石油工业出版社,共同配合大庆油田做好视频培训课件编制工作。

课件开发过程中,大庆油田高度重视,按照"实际、实用、实效"的原则,专门成立了

课件开发工作领导组,组织公司人事部、开发部、安全环保部、第二采油厂、第四采油厂等9个部门和二级单位共同参与,共计抽调了100余名专家参与项目的研发设计。勘探与生产分公司加强过程监督和质量把控,针对开发方案、课件脚本、制作标准、课件样片等内容,按照不同工作节点先后组织三次大的集中审核会议,邀请中国石油各油田行业专家建言献策,为提高课件的通用性和实用性奠定坚实基础。大庆油田按照总体工作要求,历时两年,完成了视频培训课件的编制任务,并同步完成《采油工安全生产标准化操作丛书》的编写工作。本套丛书紧贴油田生产实际,以采油工岗位职责为依据,包含《安全防护用具使用》《工具、用具、量具使用》《采油工艺简介》《抽油机井标准化操作》《电动潜油泵井标准化操作》《电动螺杆泵井标准化操作》《注水井标准化操作》

《计量间标准化操作》《抽油机井生产故障分析与处理》《电动潜油泵井生产故障分析与处理》《电动螺杆泵井生产故障分析与处理》《注水井生产故障分析与处理》《计量间生产故障分析与处理》《现场应急救护》，共14种140个分册。本套丛书具有突出的实用性和规范性特点，可广泛用于新员工岗前培训、日常岗位练兵、鉴定考前培训、师徒帮带、技能竞赛等学习培训活动。

希望本套丛书能够为各石油企业提供借鉴，为今后采油工岗位培训的扎实有效开展提供有力保障。由于各油田在采油工艺、设备等方面存在差异性，书中难免有不足之处，敬请读者批评指正。

编者

2018年8月

CONTENTS 目录

项目说明 1

参考标准 2

操作流程 3

所需工用具 9

操作步骤 20

安全风险提示 55

试题 60

试题参考答案 64

项目说明

　　密封填料安装在填料函中,与阀门阀杆配合起密封作用。长期使用由于老化、磨损等原因,使密封性变差,会造成介质由阀杆密封处渗漏,影响阀门正常使用,因此需及时更换。

参考标准

Q/SY DQ 0804—2013《采油岗位操作程序及要求》

操作流程

1. 准备工作

更换阀门密封填料操作

2. 倒流程泄压

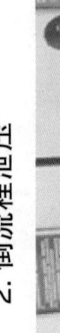

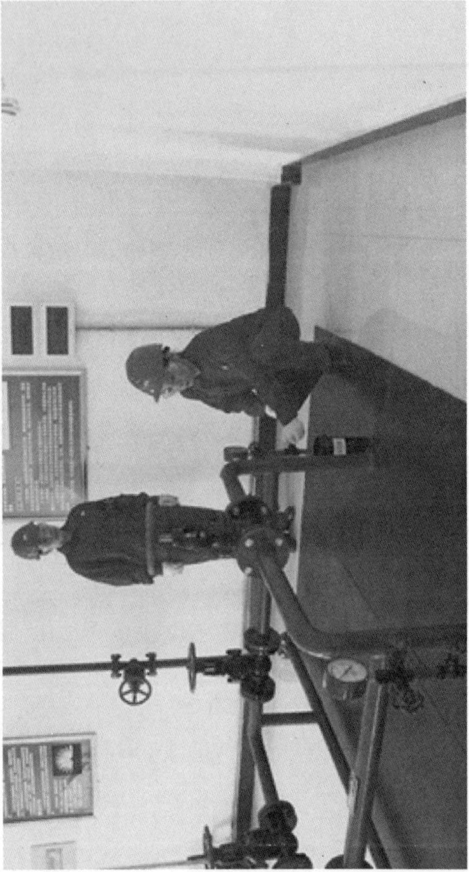

操作流程

3. 更换填料

4. 恢复流程

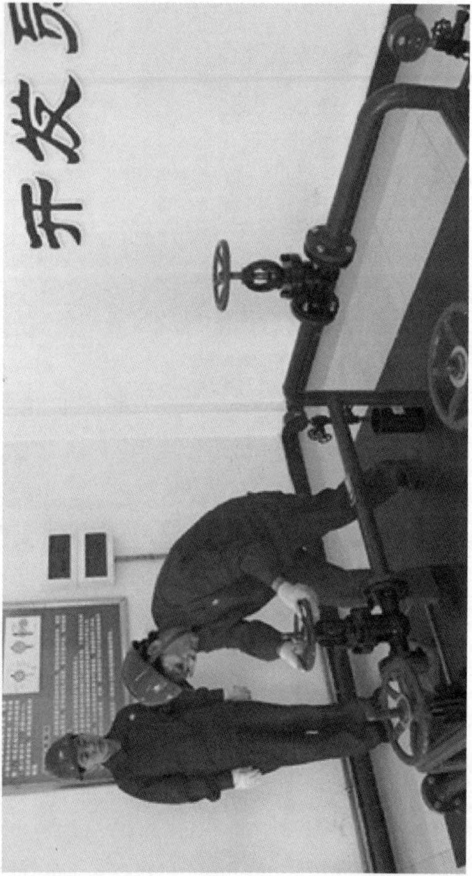

5. 清理现场

该操作以更换 J41H-16 阀门为例。

操作由 2 人完成，其中 1 人负责安全监护。

更换阀门密封填料操作

操作前正确穿戴好劳动保护用品。

所需工用具

(1) 250mm × 30mm 活扳手 1 把。

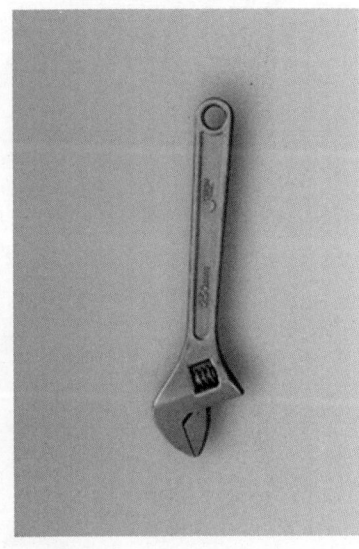

(2) F扳手1把。

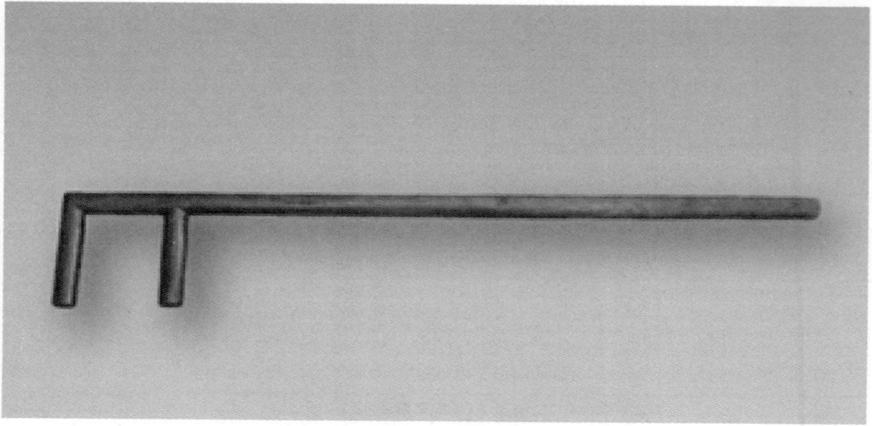

所需工用具

(3) 6mm×200mm "—" 字形螺钉旋具 1 把。

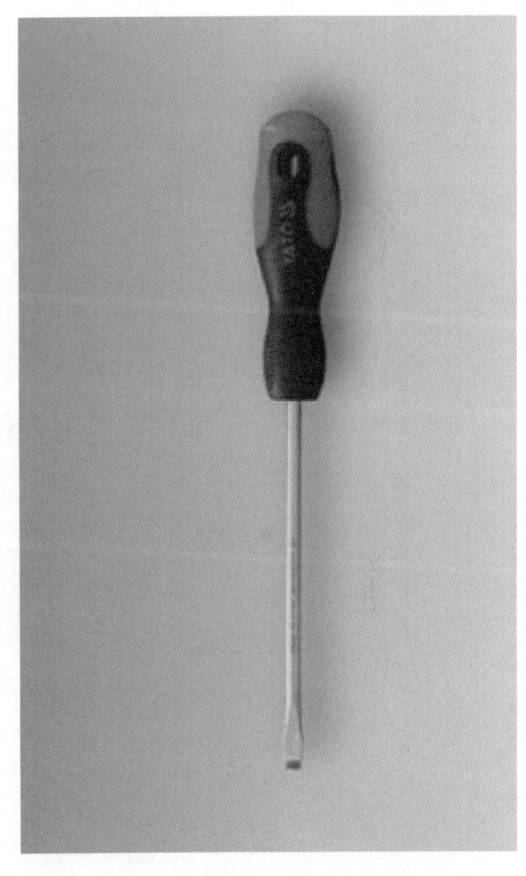

更换阀门密封填料操作

（4）填料割刀 1 把。

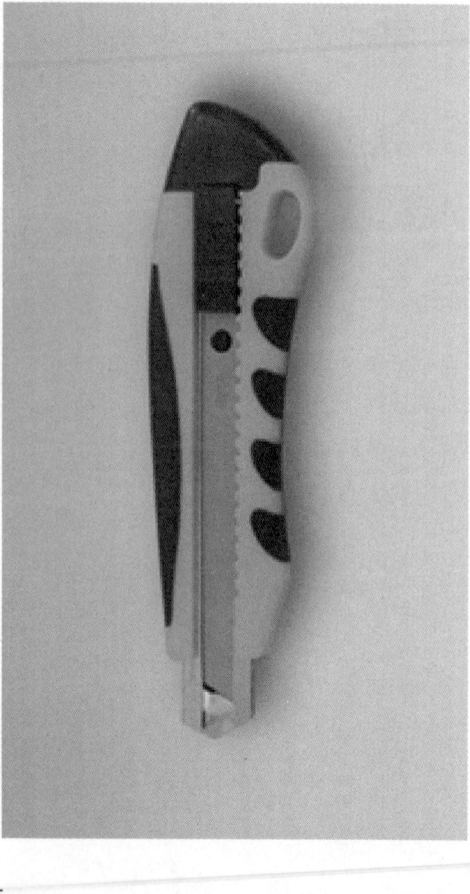

所需工用具

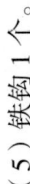

（5）铁钩 1 个。

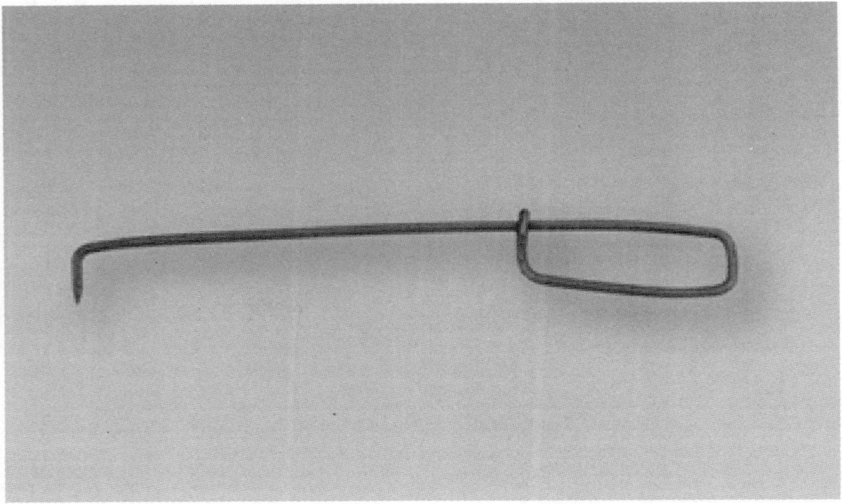

更换阀门密封填料操作

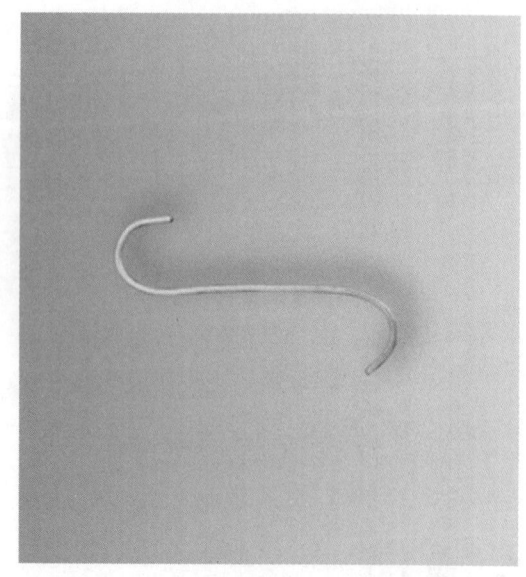

(6) 挂钩 1 个。

所需工用具

(7) 放空桶 2 个。

(8) 检修牌 2 个。

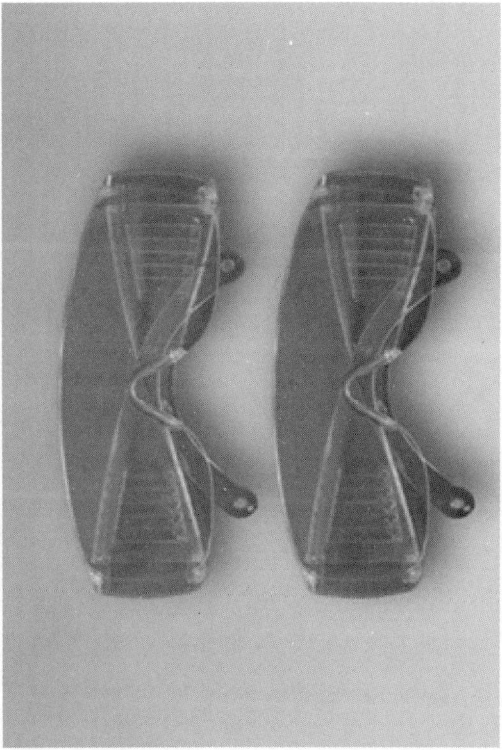

所需工用具

(9) 护目镜 2 副。

更换阀门密封填料操作

(10) 填料若干。

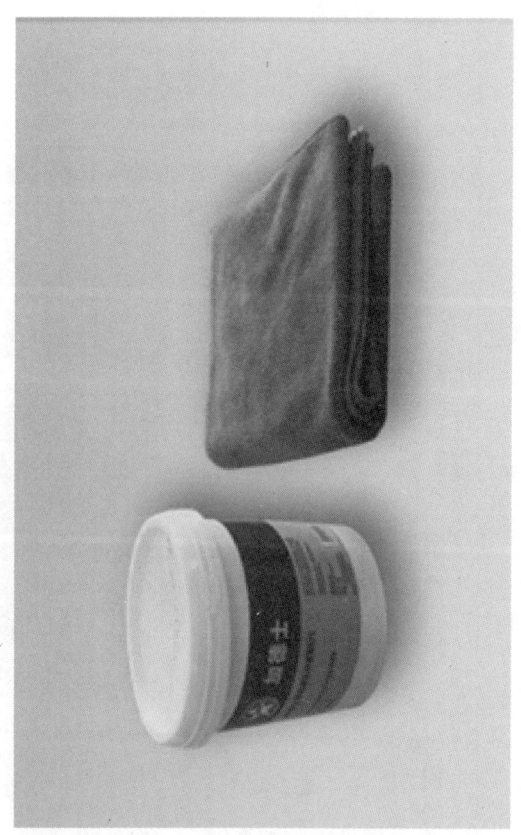

(11) 润滑脂、擦布若干。

操作步骤

(1) 检查流程，确认管路内介质流向。上流阀门、下流阀门处于打开状态，旁通阀门、放空阀门处于关闭状态，流程无渗漏。

(2)打开旁通阀门,开关阀门时要侧离阀杆旋出方向,平稳操作,防止阀杆弹出。开至最大后回半圈。

更换阀门密封填料操作

(3) 先关闭上流阀门挂检修牌，再关闭下流阀门挂检修牌。

操作步骤

- 倒流程泄压
- 先关闭上流阀门

更换阀门密封填料操作

操作步骤

更换阀门密封填料操作

（4）将需要更换填料的阀门开大，打开放空阀门，泄压。

更换阀门密封填料操作

倒流程泄压
打开放空阀门，泄压

(5) 观察压力表指针归零,余压泄净方可操作。

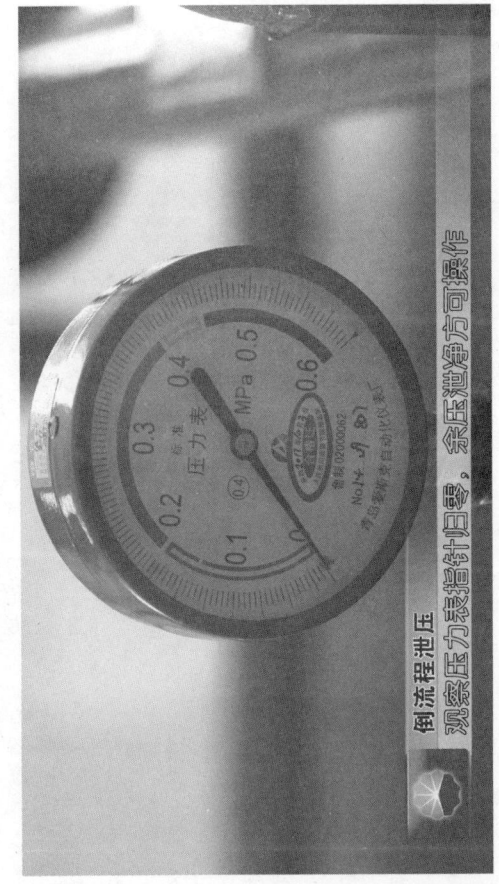

倒流程泄压
观察压力表指针归零,余压泄净方可操作

更换阀门密封填料操作

（6）卸松密封填料压盖固定螺母，使用扳手时开口合适，防止滑脱伤人。缓慢泄压后卸掉压盖固定螺母。

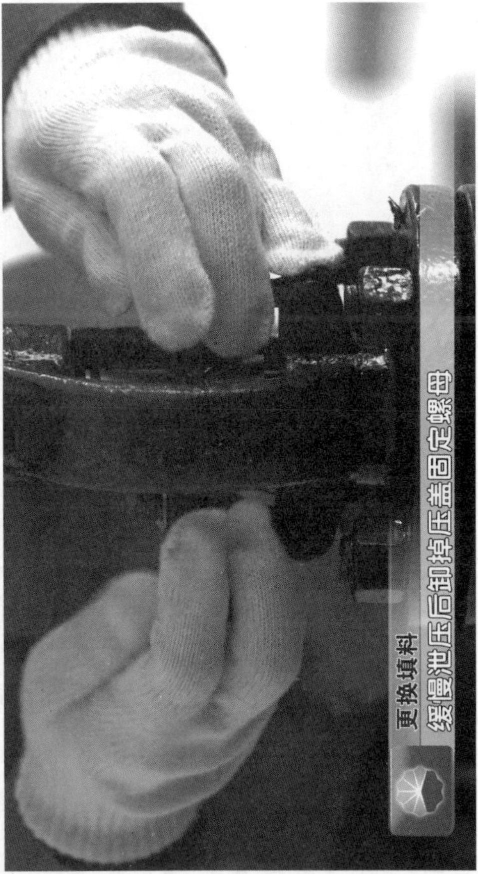

更换填料

缓慢泄压后卸掉压盖固定螺母

更换阀门密封填料操作

(7) 取下填料压盖,用挂钩将填料压盖挂牢。

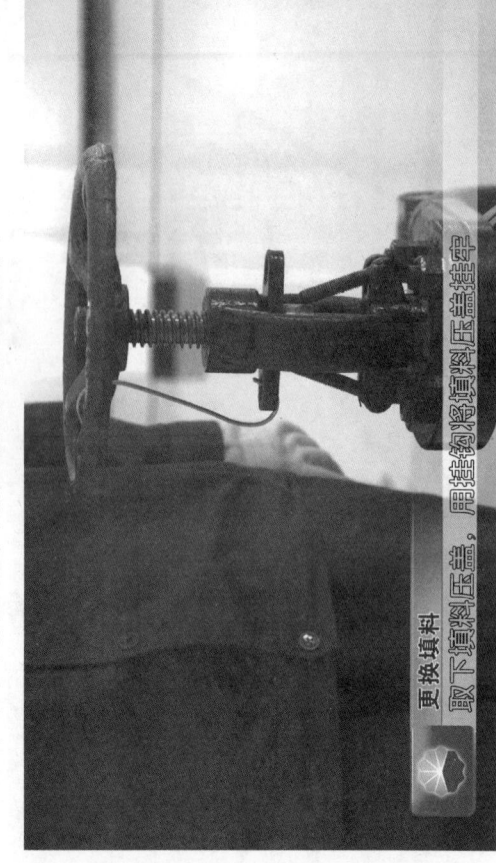

更换填料
取下填料压盖,用挂钩将填料压盖挂牢

操作步骤

(8) 顺着填料切口逆时针取出填料函内的旧密封填料,并清理填料函。

更换阀门密封填料操作

更换填料并清理填料图

(9) 根据阀杆外径量取填料长度,按 30~45° 切割填料,切口应平整。

更换填料
根据阀杆外径量取填料长度

更换阀门密封填料操作

操作步骤

更换填料
切口应平整

更换阀门密封填料操作

（10）填料均匀涂抹润滑脂，按顺时针方向加入填料函内，单层要对满口，压平，两层之间切口错开 90°~180°，以防通过切口泄漏。把填料函填满后压平。

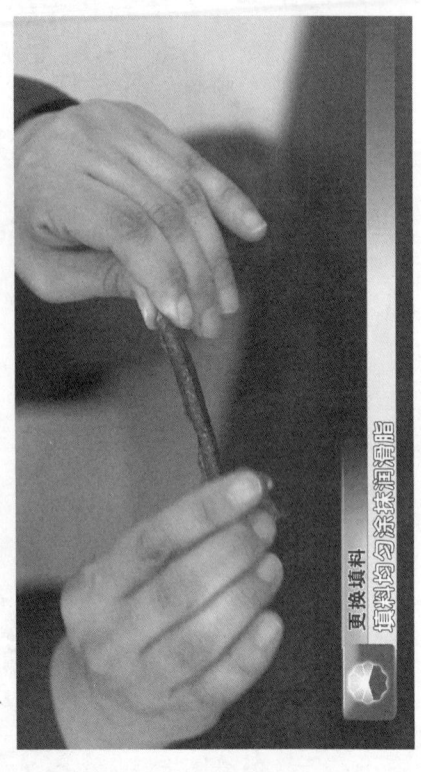

更换填料
填料涂匀涂抹润滑脂

操作步骤

更换填料　按顺时针方向加入填料函内,使之对满口,压平

更换阀门密封填料操作

更换填料
两层之间切口错开90°~180°,以防通过切口泄漏。填料函填满后压平。

操作步骤

（11）取下挂钩，放下填料压盖，对称均匀紧固压盖螺母，间隙一致，防止压偏。压盖压入填料函深度不得少于5mm，留有压紧的余地。

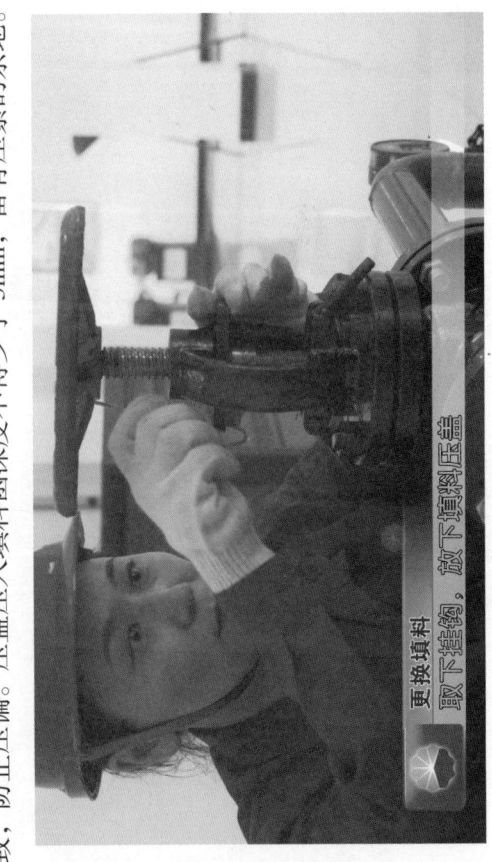

更换填料
取下挂钩，放下填料压盖。

更换阀门密封填料操作

更换填料 对称均匀紧固压盖螺母

操作步骤

更换填料
间隙一致，防止压偏

更换阀门密封填料操作

更换填料
压盖压入填料面深度不得小于5mm,留有压紧的余地

(12) 检查填料压盖松紧合适,阀门开关灵活。

更换阀门密封填料操作

(13) 关闭放空阀门。

—46—

(14) 取下检修牌，缓慢打开下流阀门试压，使管线逐渐充压，观察压力稳定后，检查渗漏，开大下流阀门。

更换阀门密封填料操作

恢复流程
缓慢打开下游阀门试压,使管线逐渐升压

操作步骤

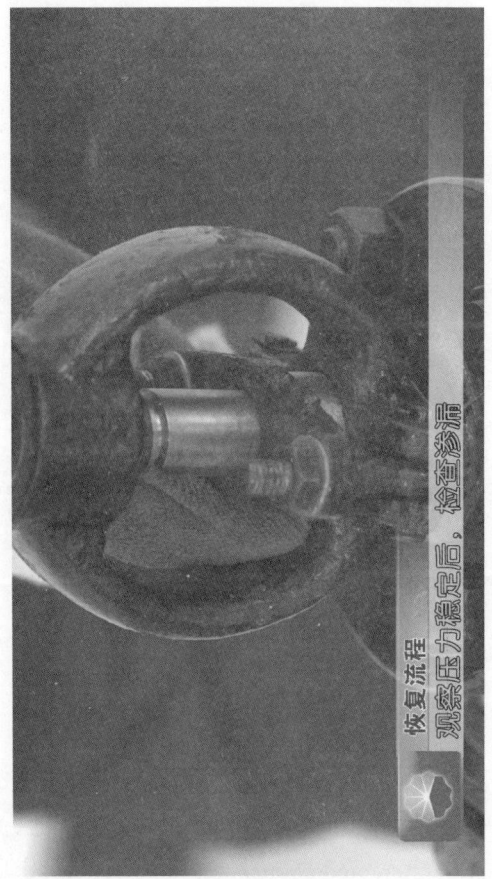

恢复流程
观察压力稳定后,检查渗漏

更换阀门密封填料操作

操作步骤

(15) 取下检修牌,打开上流阀门,关闭旁通阀门,恢复正常生产流程。

更换阀门密封填料操作

操作步骤

恢复流程
关闭旁通阀门，恢复正常生产流程

更换阀门密封填料操作

(16) 收拾工具,清理现场。

安全风险提示

(1)监护人应负责监督操作人员正确执行操作规程,确保设备及安全防护措施齐全。

安全风险提示
(1)监护人员应负责监督操作人员正确执行操作规程

更换阀门密封填料操作

(2) 倒流程泄压时,人员要避开泄压点,防止造成人身伤害。

安全风险提示
(2) 倒流程泄压时,人员要避开泄压点,防止造成人身伤害

(3) 填料压盖要挂接牢固,防止脱落伤人。

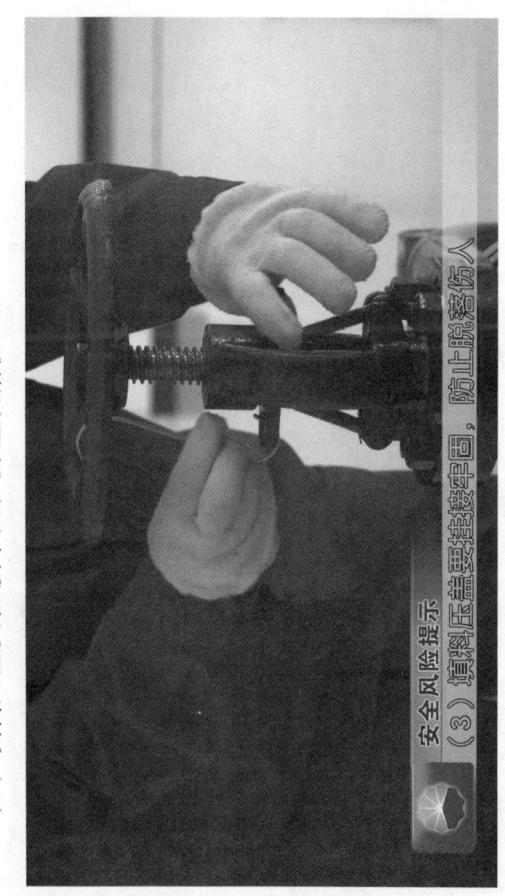

安全风险提示
(3) 填料压盖要挂接牢固,防止脱落伤人

更换阀门密封填料操作

（4）切割填料时，手指避开刃口，防止割伤。

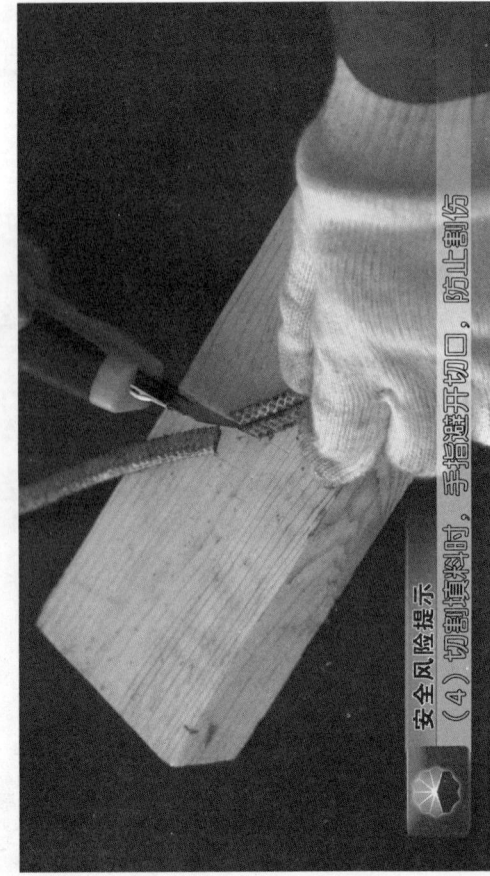

安全风险提示
（4）切割填料时，手指避开切口，防止割伤

（5）开关阀门时要侧离阀杆旋出方向，平稳操作，防止阀杆弹出。

试 题

一、选择题（不限单选）

1. 阀门密封填料的作用是防止介质泄漏，安装在填料函中，与阀门（　）配合起密封作用。

　A. 铜套　　　　　　B. 手轮

　C. 阀杆　　　　　　D. 阀体

2. 截止阀密封填料长期使用会出现老化、磨损等现象，使密封性变差，会造成介质由（　）处渗漏，影响阀门正常使用。

　A. 铜套　　　　　　B. 手轮

　C. 阀体　　　　　　D. 阀杆

3. 更换阀门密封填料操作时，应缓慢卸掉密封填料压盖固定螺母，晃动（　）进行泄压。

　A. 固定螺母　　　　B. 压盖螺栓

　C. 填料压盖　　　　D. 填料函

4.更换阀门密封填料时需要倒流程的正确顺序是（　），然后放空泄压。

A.关闭上流阀门，关闭下流阀门，打开旁通阀门

B.打开旁通阀门，关闭上流阀门，关闭下流阀门

C.打开旁通阀门，关闭下流阀门，关闭上流阀门

D.关闭下流阀门，关闭上流阀门，关闭旁通阀门

5.切割密封填料时，按（　）切割填料，切口应平整。

A. 20°~30°　　　　　　B. 30°~45°

C. 50°~60°　　　　　　D. 80°~90°

6.阀门更换密封填料需量取填料长度时，要根据（　）进行测量截取。

A.阀杆内径　　　　　B.阀杆外径

C. 填料压盖内径　　　D. 填料压盖外径

7. 阀门填加密封填料两层之间切口错开（　　），以防通过切口泄漏。

A. 0°~30°　　　　　B. 30°~60°

C. 90°~180°　　　　D. 0°~360°

8. 更换阀门密封填料填加完毕后，紧固压盖螺母，压盖压入填料函深度不得少于（　　），留有压紧的余地。

A. 2mm　　　　　　B. 3mm

C. 4mm　　　　　　D. 5mm

二、判断题

1. 更换阀门密封填料前应检查流程，确认管路内介质流向。上流阀门、下流阀门、旁通阀门、处于打开状态，放空阀门处于关闭状态，流程无渗漏。（　　）

2. 更换阀门密封填料泄压时，观察压力表指针下降就可以进行操作。（　　）

采油工安全生产标准化操作丛书

中国石油人事部
中国石油勘探与生产分公司 编

计量间标准化操作 5

更换法兰阀门操作

石油工业出版社

图书在版编目（CIP）数据

计量间标准化操作 / 中国石油人事部，中国石油勘探与生产分公司编． —北京：石油工业出版社，2018.11

（采油工安全生产标准化操作丛书）

ISBN 978-7-5183-3022-5

Ⅰ.①计⋯ Ⅱ.①中⋯ ②中⋯ Ⅲ.①石油开采–采油方法–技术操作规程 Ⅳ.① TE35-65

中国版本图书馆 CIP 数据核字（2018）第 257087 号

出版发行：	石油工业出版社
	（北京安定门外安华里 2 区 1 号楼 100011）
	网　　址：www.petropub.com
	编辑部：（010）64523537
	图书营销中心：（010）64523710
经　销：	全国新华书店
印　刷：	北京中石油彩色印刷有限责任公司

2018 年 11 月第 1 版　2018 年 11 月第 1 次印刷
880×1230 毫米　开本：1/64　印张：6.9375
字数：90 千字

定价：75.00 元（全 5 册）
（如出现印装质量问题，我社图书营销中心负责调换）
版权所有，翻印必究

《采油工安全生产标准化操作丛书》
编委会

主　　　　任：吴　奇

副　主　任：黄　革　　郑新权　　万　军

执行副主任：王渝明　　张守良　　郝庆华

　　　　　　王子云　　张　超　　赵捍军

委员：姜宝山　　王　林　　于胜泓　　章卫兵　　董洪亮

　　　王松波　　吴景刚　　全海涛　　李亚鹏　　范　猛

　　　王玉琢　　杨　东　　吴成龙　　张万福　　杨海波

　　　周　燕　　侯继波　　柴方源　　祝汉强　　肖长军

　　　赵　伟　　卢盛红　　朱继红　　宋伟光　　尹前进

　　　王海波　　袁　月　　王鹏飞　　张　利　　邓　钢

　　　吴文君　　高　媛

《计量间标准化操作 5 更换法兰阀门操作》编委会

主　编：吴　奇

副主编：赵玉梅　　杨海波　　王冬艳

委　员：吴文君　　董敬宁　　张春超

　　　　郑海峰　　王大一　　李雪莲

　　　　程　亮　　生凤英　　韩旭龙

　　　　付希庆　　谭洪彬　　刘　昱

　　　　张云辉　　胡胜杰　　周恒仓

开发单位

中国石油天然气股份有限公司勘探与生产分公司

大庆油田有限责任公司人事部(党委组织部)

大庆油田有限责任公司开发部

大庆油田有限责任公司质量安全环保部

大庆油田有限责任公司第二采油厂

大庆油田有限责任公司第四采油厂

大庆油田有限责任公司第六采油厂

大庆油田有限责任公司文化集团

大庆油田有限责任公司人才开发院

大庆油田有限责任公司大庆医学高等专科学校

合作单位

长庆油田分公司

辽河油田分公司

新疆油田分公司

大港油田分公司

华北油田分公司

石油工业出版社

FOREWORD 序

"求木之长者，必固其根本；欲流之远者，必浚其泉源。"2017年，党中央、国务院印发了《新时期产业工人队伍建设改革方案》，明确指出，产业工人是工人阶级中发挥支撑作用的主体力量，是创造社会财富的中坚力量，是创新驱动发展的骨干力量，是实施制造强国战略的有生力量。同时提出，要造就一支有理想守信念、懂技术会创新、敢担当讲奉献的宏大的产业工人队伍。这充分体现了党和国家对产业工人队伍建设的关心支持。

中国石油牢固树立以人为本、质量至上、安全第一、环保优先的理念，坚持施行标准化操作作为保证安全生产、深化精细管理、实现

企业内涵发展的重要支撑。中国石油将提升员工技能水平作为抓好产业工人队伍建设的主攻方向,把标准化操作固化成基层单位和干部职工尤其是新员工的行为准则和工作标准,牢固树立"上标准岗、干标准活"的工作意识和理念,形成人人讲安全、人人会安全、人人都安全的良好局面。

守正笃实,久久为功。提升员工技能操作水平是一项长期而艰巨的任务,完善标准是基础,加强领导是保障,优化执行是根本。这需要大家积极推广标准化操作工作,不断加强和改进操作流程与标准,不断规范与完善标准化操作,引导广大员工全面提升对标准化操作的认知度,全面提升标准化操作执行力,规范本质化安全行为,推进各项工作上水平。

中国石油人事部和中国石油勘探与生产分公司共同组织编写的《采油工安全生产标准化

操作丛书》及配套的视频课件，包含中国石油各油气田单位通用性的140个基本操作，具有开发标准高、内容全面、注重安全风险、应用范围广、培训效果突出等方面优点。相对应的视频课件利用三维动画技术，通过分解、剖切等方式展示常规不可见的设备内部结构，让员工学习起来更加直观，是一套"看得懂、学得会、易掌握"的实用教材，真正做到了将"技术有形化"，填补了中国石油安全生产操作培训课件方面的空白，为进一步提升操作员工整体素质提供有力支撑。

目前，跨国公司员工培训已经进入了"互联网+培训"的员工混合式培训阶段，以多终端应用设备为载体，展现多种资源，结合线下培训和社区化学习模式，以网络化应用进行培训评估，实现可规划路径的人才发展优化培训。这套丛书从生产实际出发，以满足需求为导向，以促进员工养成标准化操作习惯为目标，实践性和针对性都很强。同时，大批专家的参与写作使教材的权威性有了保证。丛书配套的视频课件可以满足石油员工远程移动学习，也可以满足员工单机高清自学和集中学习。这样就形成了三位一体的员工培训模式，逐步迈入员工混合式培训阶段。希望这套丛书的出版发行，能为促进中国石油员工培训工作的深入开展，为促进员工操作技能水平的不断提升，为推动油气主业高质量发展，为实现中国石油建成世界一流综合性国际能源公司作出积极贡献。

中国石油天然气集团有限公司
总经理助理、人事部总经理　刘志平

PREFACE 前言

采油工是油田企业主体关键工种之一,在中国石油操作类员工中占比较大,采油工技能水平的高低,对油田的安全平稳生产起到至关重要的作用。为进一步提高采油工的基本素质和业务技能水平,中国石油人事部和中国石油勘探与生产分公司于2016年联合启动了采油工安全生产标准化操作视频培训课件开发项目,成立了课件编委会,委托大庆油田公司负责课件具体编制工作,并确定长庆、辽河、新疆、大港、华北5家油田公司和石油工业出版社,共同配合大庆油田做好视频培训课件编制工作。

课件开发过程中,大庆油田高度重视,按照"实际、实用、实效"的原则,专门成立了

课件开发工作领导组,组织公司人事部、开发部、安全环保部、第二采油厂、第四采油厂等9个部门和二级单位共同参与,共计抽调了100余名专家参与项目的研发设计。勘探与生产分公司加强过程监督和质量把控,针对开发方案、课件脚本、制作标准、课件样片等内容,按照不同工作节点先后组织三次大的集中审核会议,邀请中国石油各油田行业专家建言献策,为提高课件的通用性和实用性奠定坚实基础。大庆油田按照总体工作要求,历时两年,完成了视频培训课件的编制任务,并同步完成《采油工安全生产标准化操作丛书》的编写工作。本套丛书紧贴油田生产实际,以采油工岗位职责为依据,包含《安全防护用具使用》《工具、用具、量具使用》《采油工艺简介》《抽油机井标准化操作》《电动潜油泵井标准化操作》《电动螺杆泵井标准化操作》《注水井标准化操作》

《计量间标准化操作》《抽油机井生产故障分析与处理》《电动潜油泵井生产故障分析与处理》《电动螺杆泵井生产故障分析与处理》《注水井生产故障分析与处理》《计量间生产故障分析与处理》《现场应急救护》,共 14 种 140 个分册。本套丛书具有突出的实用性和规范性特点,可广泛用于新员工岗前培训、日常岗位练兵、鉴定考前培训、师徒帮带、技能竞赛等学习培训活动。

希望本套丛书能够为各石油企业提供借鉴,为今后采油工岗位培训的扎实有效开展提供有力保障。由于各油田在采油工艺、设备等方面存在差异性,书中难免有不足之处,敬请读者批评指正。

编者

2018 年 8 月

CONTENTS 目录

项目说明 1

参考标准 2

操作流程 3

所需工用具 10

操作步骤 24

安全风险提示 70

试题 75

试题参考答案 78

项目说明

阀门是压力管道系统的重要组成部件,其主要功能是接通和截断介质,调节介质压力和流量。其中法兰阀门在生产中较为常见,在使用过程中由于介质腐蚀、部件磨损等原因导致阀门损坏,直接影响到油气集输安全。为保证管道系统平稳运行,需要及时进行维修、更换。

参考标准

Q/SY DQ 0804—2013《采油岗位操作程序及要求》

操作流程

1. 准备工作

更换法兰阀门操作

2. 检查流程

3. 拆卸旧阀门

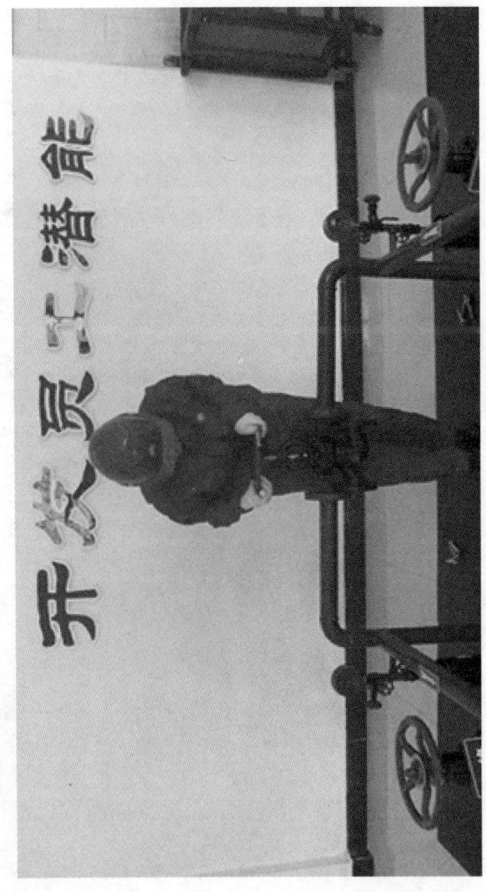

更换法兰阀门操作

4. 安装新阀门

5. 恢复流程

6. 清理现场

该操作以更换 J41H-16 阀门为例。

操作流程

准备工作
操作前正确穿戴好劳动保护用品

操作由 2 人完成,其中 1 人负责安全监护。操作前正确穿戴好劳动保护用品。

所需工用具

(1) 规格相同法兰阀门 1 个。

（2）500mm 撬杠 1 根。

(3) 300mm × 36mm 活扳手 1 把。

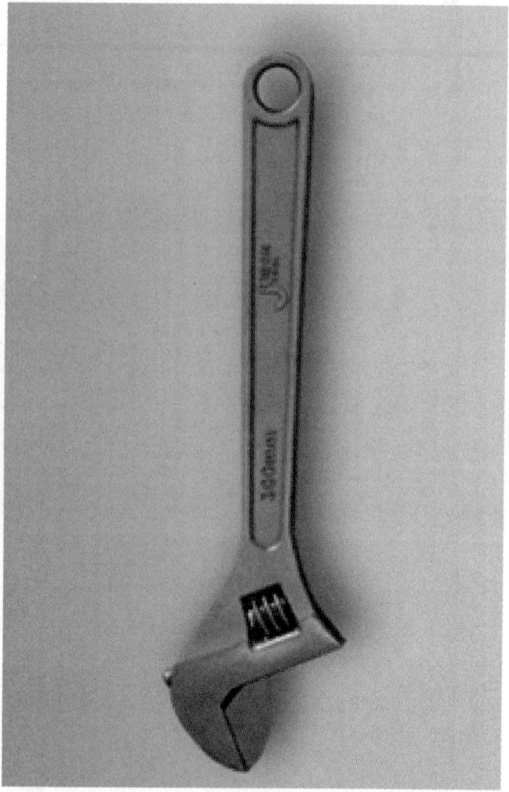

所需工用具

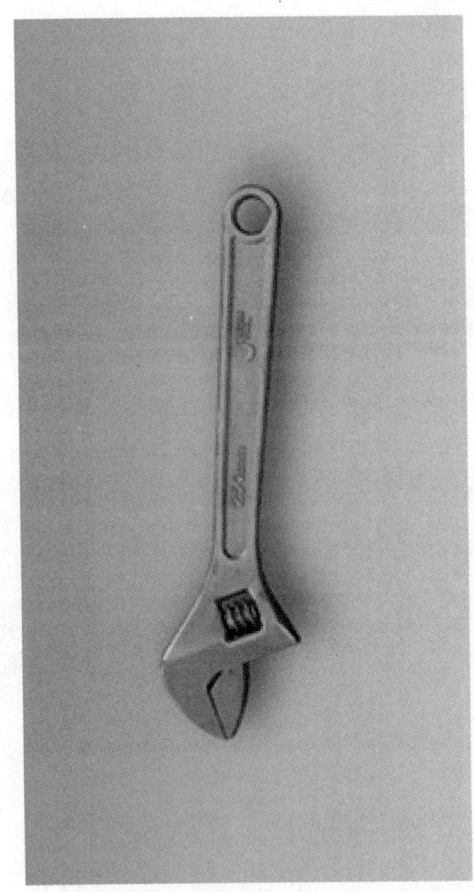

（4）250mm × 30mm 活扳手 1 把。

− 13 −

更换法兰阀门操作

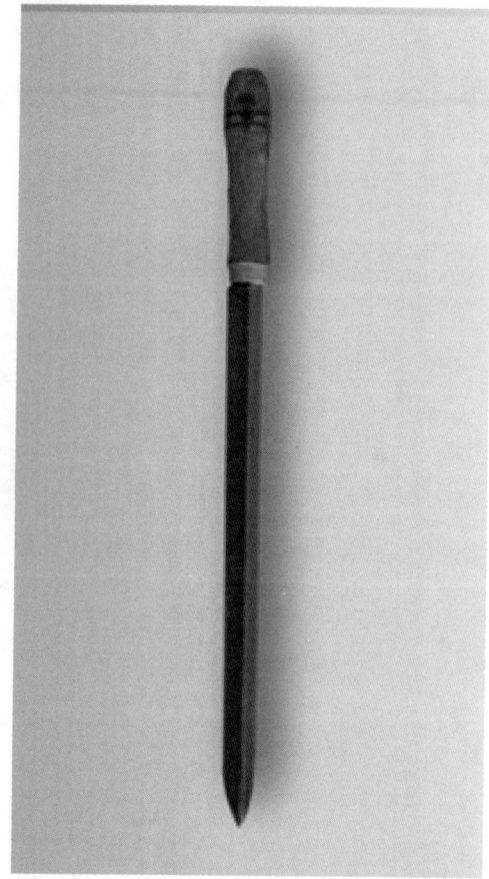

(5) 300mm 三角刮刀 1 把。

所需工用具

(6) 300mm 钢板尺 1 把。

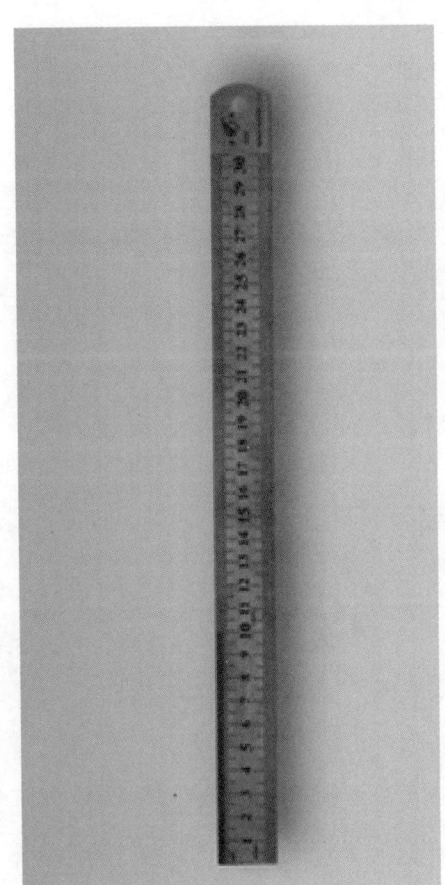

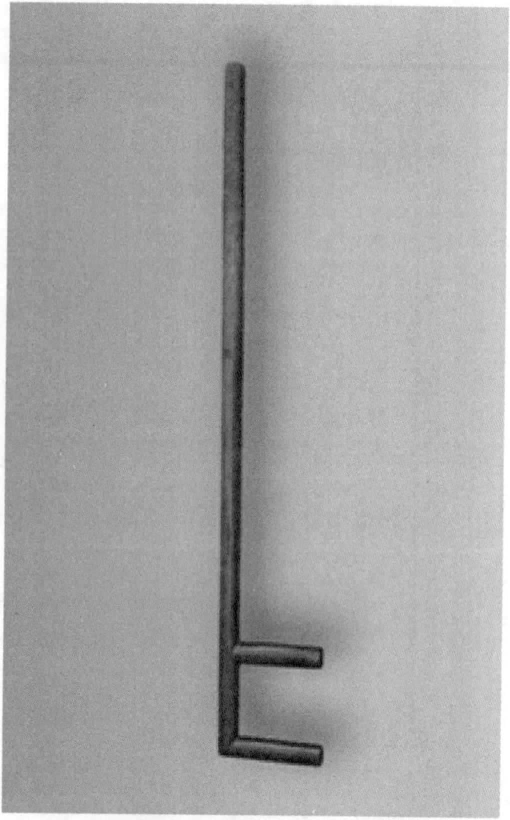

更换法兰阀门操作

(7) F扳手1把。

所需工用具

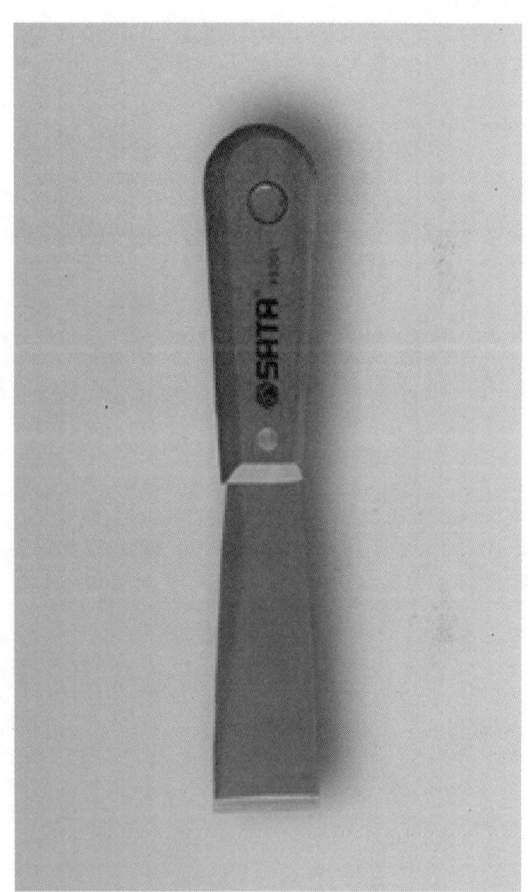

(8) 1in 灰刀 1 把。

(9)放空桶2个。

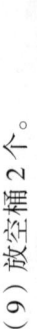

所需工用具

(10) 污水桶 1 个。

更换法兰阀门操作

(11) 检修牌 2 块。

— 20 —

所需工用具

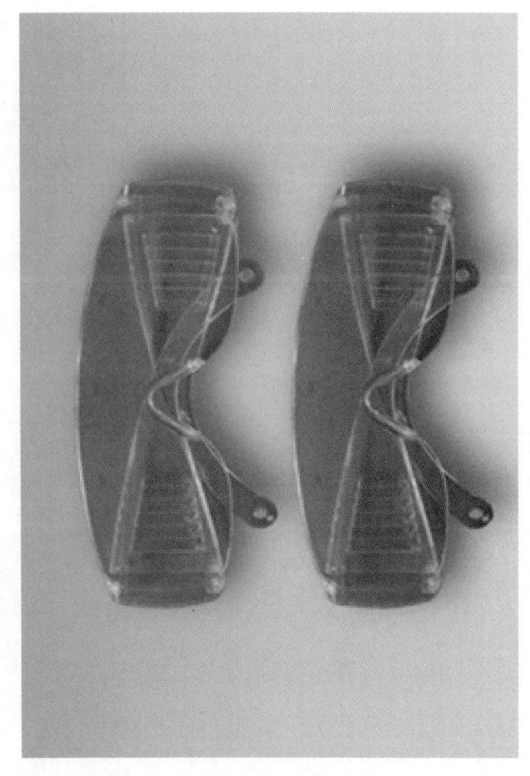

(12) 护目镜 2 副。

更换法兰阀门操作

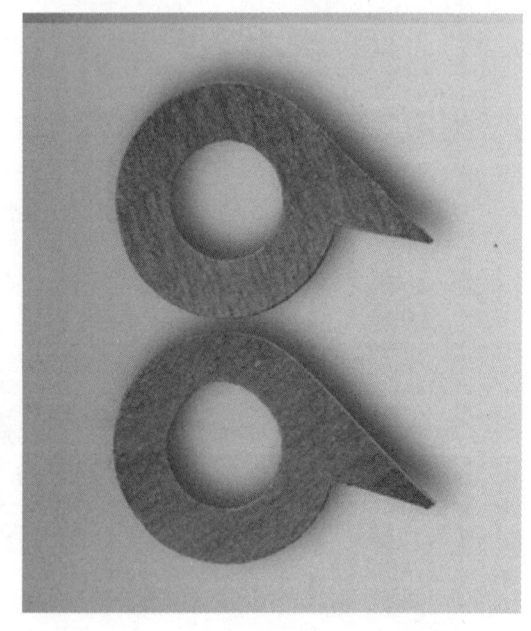

(13) 合适规格法兰垫片 2 个。

(14) 润滑脂、擦布若干。

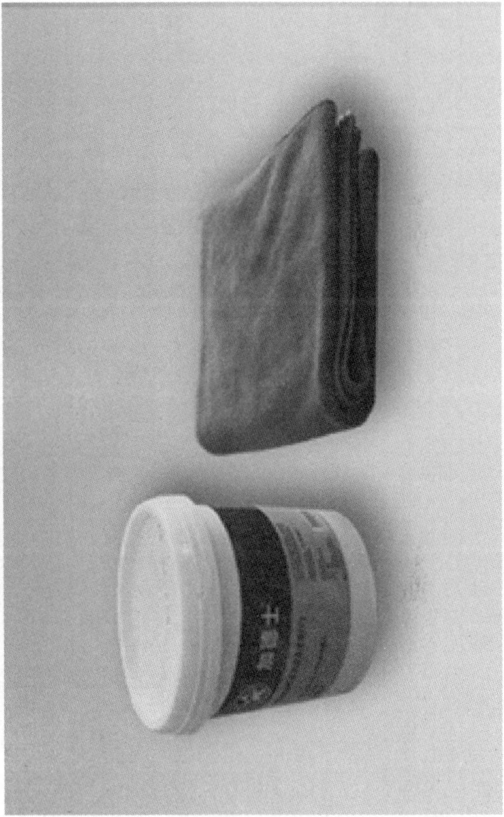

操作步骤

(1) 检查新阀门外观良好,与旧阀门规格型号相同,阀门开关灵活,阀杆无弯曲,密封填料填加完好,将阀门处于关闭状态。

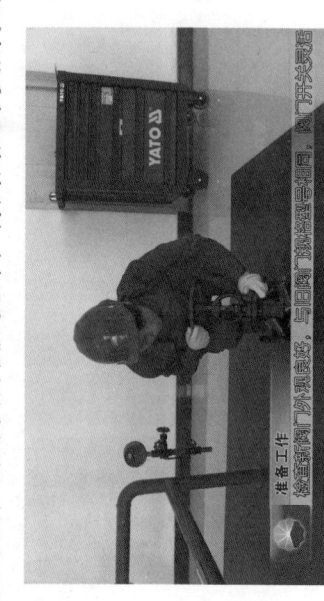

准备工作
检查新阀门外观良好,与旧阀门规格型号相同,阀门开关灵活

操作步骤

准备工作 阀杆无弯曲,密封填料填加完好,将阀门处于关闭状态

更换法兰阀门操作

（2）检查流程，确认管路内介质流向。上流阀门、下流阀门处于打开状态，旁通阀门、放空阀门处于关闭状态，流程无渗漏。

操作步骤

（3）打开旁通阀门，开关阀门时要侧离阀杆旋出方向，平稳操作，防止阀杆弹出。开至最大后回半圈。

拆卸旧阀门
打开旁通阀门，开关阀门时要侧离阀杆旋出方向

更换法兰阀门操作

拆卸旧阀门
平稳操作,防止阀杆弹出。开至最大后回半圈

操作步骤

(4) 先关闭上流阀门,挂检修牌。再关闭下流阀门,挂检修牌。

更换法兰阀门操作

操作步骤

拆卸旧阀门
再关闭下流阀门

更换法兰阀门操作

(5) 打开放空阀门，泄压。

拆卸旧阀门
打开放空阀门，泄压

更换法兰阀门操作

（6）观察压力表指针归零，余压泄净方可操作。

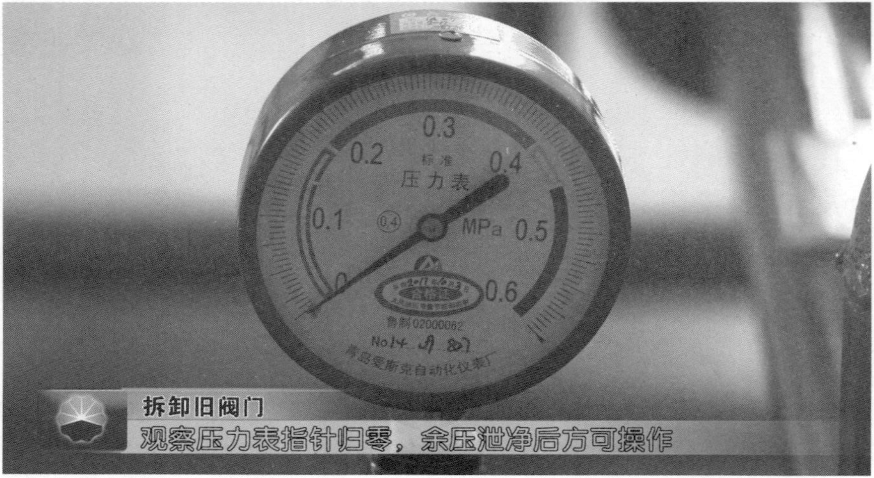

拆卸旧阀门
观察压力表指针归零，余压泄净后方可操作

操作步骤

(7) 为防止管路内有余压伤人,首先卸松下部靠外侧的螺母,再卸松另外三个螺母,待管路内介质全部流净后,依次卸掉全部螺母。

拆卸旧阀门
为防止管路内有余压伤人,首先卸松下部靠外侧的螺母

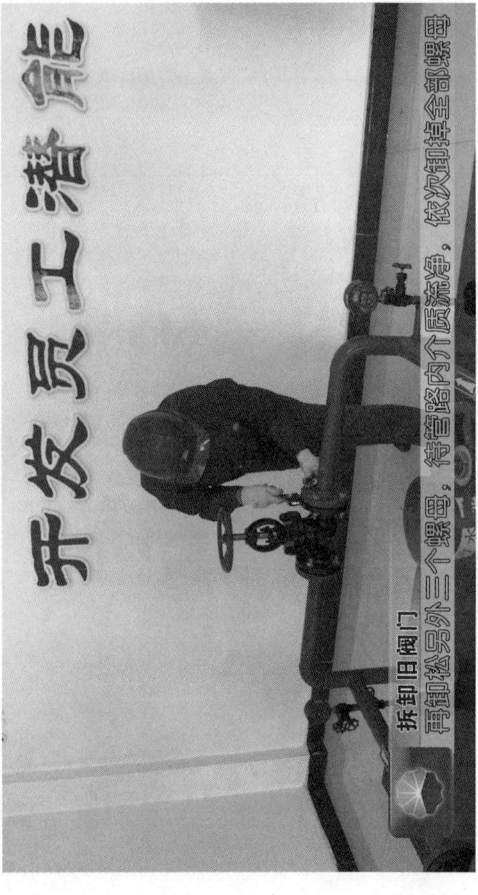

更换法兰阀门操作

开发员工潜能

拆卸旧阀门
再卸松另外三个螺母,待管路内介质流净,依次卸其全部螺母

(8) 用同样方法拆卸另一端螺母,取出两侧螺栓。取螺栓时,操作要平稳,防止损坏螺纹。取最后两条螺栓要扶好阀门,防止砸伤。卸掉旧阀门。

拆卸旧阀门
用同样方法拆卸另一端螺母

更换法兰阀门操作

拆卸旧阀门 取出两侧螺栓,操作要平稳,防止损坏螺纹

操作步骤

拆卸旧阀门
取最后两圈丝螺纹, 要装好阀门, 防止被砸伤

更换法兰阀门操作

(9) 取下旧垫片,清理管口脏物,用刮刀刮净法兰密封面,清理水纹线,各条水纹线均应保持清洁,以保证法兰密封面的密封性,用擦布擦拭密封面。

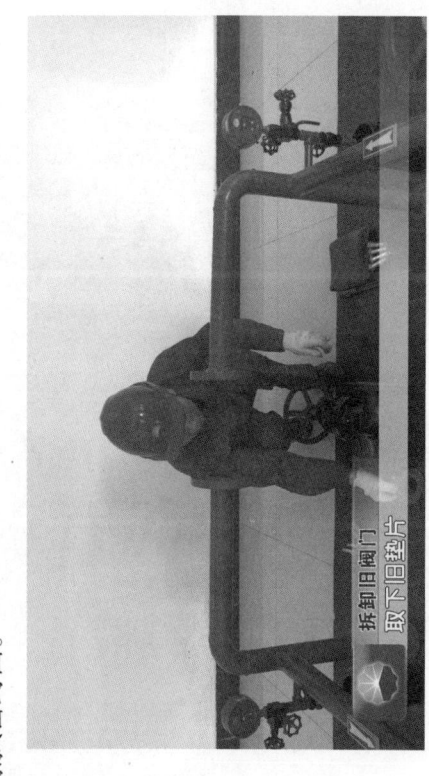

更换法兰阀门操作

拆卸旧阀门 清理管口脏物

操作步骤

拆卸旧阀门
用刮刀刮净法兰密封面

更换法兰阀门操作

拆卸旧阀门
清理水纹线，各条水纹线均应保持清洁

— 44 —

更换法兰阀门操作

(10) 检查清理新阀门密封面。

— 46 —

(11) 新垫片两面均匀涂抹润滑脂,达到密封、防腐作用。

安装新阀门
新垫片两面均匀涂抹润滑脂,达到密封、防腐作用

更换法兰阀门操作

（12）阀门安装方向与管路中介质流向一致。垂直安装阀门。安装两侧螺栓、螺母。根据阀门所处空间及操作需要，预留出垫片安装位置。

安装新阀门

阀门安装方向与管路中介质流向一致

操作步骤

更换法兰阀门操作

安装新阀门,安装两侧螺栓、螺母。

操作步骤

安装新阀门
预留出垫片安装位置

更换法兰阀门操作

（13）撬开两法兰面，放入新垫片。撬打的支点应在固定端，撬动时严禁损伤法兰密封面。

安装新阀门
撬开两法兰面，放入新垫片。撬打的支点应在固定端

（14）调整垫片与法兰同心，确保垫片与法兰密封面充分接触。

更换法兰阀门操作

（15）预紧两侧螺栓，预紧螺栓时力度适中，使阀门在所处位置能有活动空间且不产生自由下落为宜。

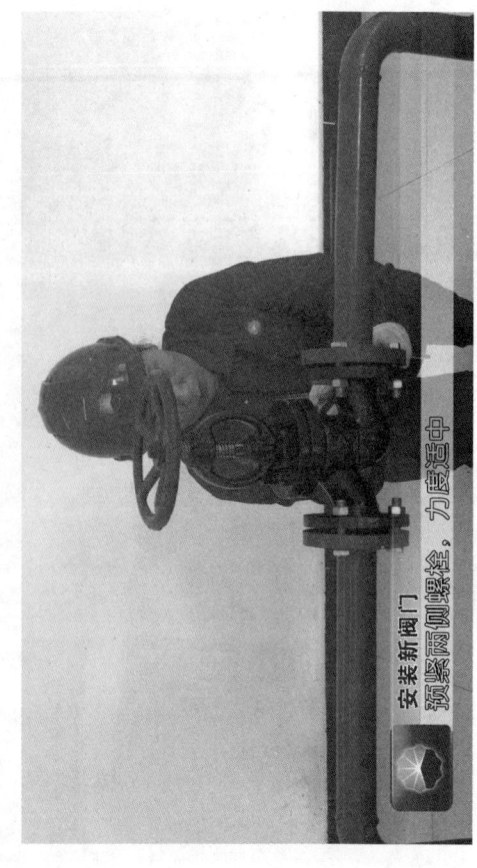

安装新阀门
预紧两侧螺栓，力度适中

(16) 检查并调整阀门与管道同心。

更换法兰阀门操作

（17）安装剩余两条螺栓、螺母，并带紧，对角均匀紧固螺母，使用扳手时开口调节合适，防止打脱伤人，扳手使用时要保证扳头固定端受力，防止损坏扳手。法兰间隙应一致，法兰垫片受力均匀。

安装新阀门
安装剩余隔条螺栓、螺母，并带紧

－56－

操作步骤

更换法兰阀门操作

操作步骤

安装新阀门,法兰间隙应一致,法兰垫片受力均匀

相关知识

① 常用阀门连接方式有法兰连接阀门、螺纹连接阀门、焊接连接阀门、卡箍连接阀门。

② 计量间和中转站对易燃易爆气体介质的管道中用到法兰连接的阀门,小于等于4条螺栓,必须设置可靠的防静电接地装置,应对两法兰处用金属丝跨接,大于等于5条螺栓绝缘法兰可不予跨接。

(18) 将更换的阀门开到最大后回半圈。

更换法兰阀门操作

(19) 关闭放空阀门。

操作步骤

(20) 取下检修牌,缓慢打开下流阀门试压,使管线逐渐充压,观察压力稳定后,检查渗漏,开大下流阀门。

更换法兰阀门操作

恢复流程
缓慢打开下流阀门试压,使管线逐渐充压

更换法兰阀门操作

（21）取下检修牌，打开上流阀门，关闭旁通阀门，恢复正常生产流程。

操作步骤

更换法兰阀门操作

恢复流程：关闭旁通阀门，恢复正常生产流程

(22) 收拾工具,清理现场。

安全风险提示

(1) 监护人应负责监督操作人员正确执行操作规程,确保设备及安全防护措施齐全。

(2) 倒流程泄压时,人员要避开泄压点,防止造成人身伤害。

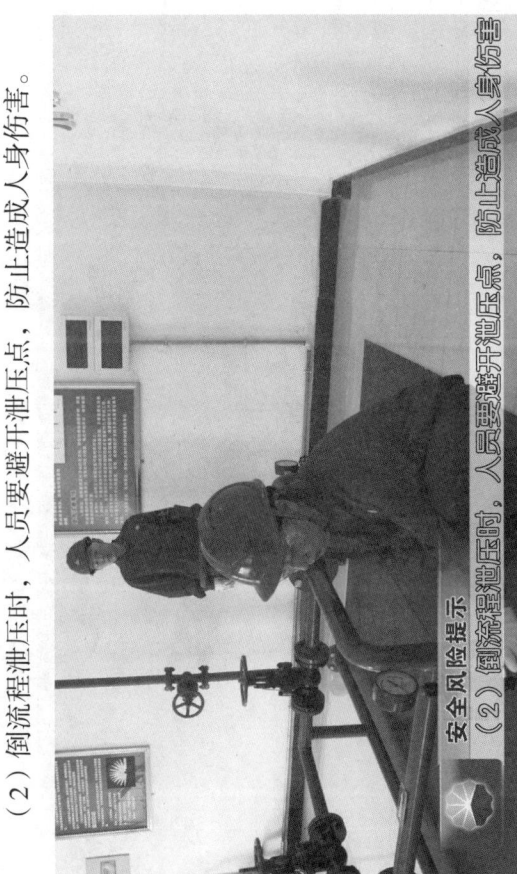

安全风险提示
(2) 倒流程泄压时,人员要避开泄压点,防止造成人身伤害

更换法兰阀门操作

(3) 开关阀门时要侧离阀杆旋出方向,平稳操作,防止阀杆弹出。

安全风险提示
(3) 开关阀门时要侧离阀杆旋出方向,平稳操作

(4) 调整垫片时应避让开法兰间隙,防止夹伤手指。

安全风险提示
(4) 调整垫片时应避让开法兰间隙,防止夹伤手指

更换法兰阀门操作

(5) 使用撬杠时支点应在固定端,防止撬杠打滑伤人。

安全风险提示
(5) 使用撬杠时支点应在固定端,防止撬杠打滑伤人

试 题

一、选择题（不限单选）

1. 阀门是压力管道系统的重要组成部件，其主要功能是接通和截断介质，调节介质（ ）。

A. 温度和流量　　B. 压力和流量

C. 流量和黏度　　D. 温度和压力

2. 更换法兰阀门时，首先卸松（ ）螺母，防止管路内有余压伤人。

A. 上部靠内侧　　B. 上部靠外侧

C. 下部靠外侧　　D. 下部靠内侧

3. 计量间和中转站对易燃易爆气体介质的管道中用到法兰连接的阀门，小于等于（ ）条螺栓，必须设置可靠的防静电接地装置。

A. 2　　　　　　B. 3

C. 4　　　　　　D. 5

4. 根据更换的阀门种类不同，（ ）在安装时，应考虑其方向性。

A. 闸阀　　　　　B. 球阀

C. 蝶阀　　　　　D. 截止阀

5. 更换阀门时，新垫片（ ）均匀涂抹润滑脂，达到密封作用。

A. 一侧　　　　　B. 两面

C. 外边缘　　　　D. 内边缘

6. 使用活扳手时开口调节合适，防止打脱伤人，扳手使用时要保证扳头（ ）受力，防止损坏扳手。

A. 移动端　　　　B. 活动端

C. 开口端　　　　D. 固定端

二、判断题

1. 更换阀门时，安装新垫片与法兰同心，确保垫片与法兰密封面充分接触。（ ）

2. 更换法兰阀门操作,清理法兰水纹线时,

只需清理一条即可达到密封要求。（ ）

3.安装阀门预紧两侧螺栓，预紧螺栓时力度适中，使阀门在所处位置能有活动空间且不产生自由下落为宜。（ ）

4.更换法兰阀门操作后，要用下流阀门进行试压，检查阀门无渗漏，倒回原流程。（ ）

试题参考答案

一、选择题

题号	1	2	3	4	5	6
答案	B	C	C	D	B	D

二、判断题

题号	1	2	3	4
答案	√	×	√	√

《计量间标准化操作》

分册序号	分册书名
1	油井磁翻板液位计量油操作
2	计量间更换分离器玻璃管操作
3	制作更换法兰垫片操作
4	更换阀门密封填料操作
5	更换法兰阀门操作